今天，阿德勒理论比以往任何时候都更广泛地为人们所阅读和理解。本书以一种易于阅读和践行的方式，介绍了这一理论及其实践的基本概要。读者将会明白，人获得归属感的需求为什么至关重要，我们的私人目标怎样塑造了我们的情感、行为和动机，以及人们要如何平等地为其所属共同体的福祉做出贡献，才能获得个人的成功。

AN INTRODUCTION

# ADLERIAN THEORY

# 阿德勒理论导读

[美] 伊娃 · 德雷克斯 · 弗格森 著

李阳 译

献给鲁道夫·德雷克斯

# 前言

PREFACE

这本小书，旨在以简化和浓缩的方式，向读者们介绍阿德勒心理学的基本原理。许多人都曾表示需要这样一本书。阿德勒理论尽管乍一看似乎很简单，但稍微细究一下，就能明显看出其博大精深。阿德勒理论的课程已证明令许多行业的从业者都获益匪浅，学生们均已表现出对一份浓缩和简化的概述的需求。

本书很大程度上根据在鲁道夫·德雷克斯夏季学院（Rudolf Dreikurs Summer School）所做的关于阿德勒理论的一系列讲座的演讲稿写成。该学院于1982年夏天，由国际阿德勒夏令营和夏季学院委员会（International Committee of Adlerian Summer Schools and Institutes，简称ICASSI）在奥地利的巴德加斯坦（Bad Gastein）创办。

本书试图对德雷克斯所著的两本关于阿德勒理论的书做出补充。这两本书分别是：《阿德勒心理学基本原理》

(*Fundamentals of Adlerian Psychology*)，20世纪30年代于德国首次出版，1950年在美国出版英文版；《个体心理学基本概念》(*Grundbegriffe der Individualpsychologie*)，是对前一本书的修订，1969年在德国由克勒特·费尔拉格出版公司(Klett Verlag)出版。

我要向很多人致以特别的谢意和感激之情：首先，是我的父亲鲁道夫·德雷克斯(Rudolf Dreikurs)，甚至在我还牙牙学语时，他就在教我阿德勒心理学了；其次，感谢ICASSI的众多学生、全体教师和理事会成员，他们激发了我对阿德勒理论的思考，支持了我的教学，其中要特别感谢T.德雷克斯("Tee" Dreikurs)，为她慈爱的鼓励和支持；再次，要感谢我的丈夫G. W.(比尔)林登[G. W. (Bill) Linden]，感谢他将我1982年的授课过程录音并誊抄成文，感谢他不断地支持和鼓励，以及助力本书成为现实的编辑建议；最后，感谢我正式的编辑团队，感谢他们富有价值的评论，他们是Bronia

Grunwald、Mim Pew、Albrecht Schottky和Achi Yotam，其中我要向Theo Schoenaker表达特别的谢意，他出版了本书的第一版，并安排将其由英文译为德文。

# 目录
CONTENTS

# INTRODUCTION

## 第一章
## 概述

本书展示了阿尔弗雷德·阿德勒个体心理学的基本原理。书中采用的历史性视角，将有助于厘清阿德勒提出的独特思想。

19世纪末20世纪初时，阿德勒是个全科医生。那时许多医生和大部分公众对于身体和思想、理智与情感，都持二元论观点。然而，阿德勒在20世纪的最初几年就认识到，身体器官的缺陷［他称之为“器官自卑感”（organ inferiority）］在很多情况下是有心理学意义的。1902年，他加入了精神分析学派，认识了弗洛伊德，在随后的岁月里，他越来越关注心理过程。有若干年，阿德勒是弗洛伊德学派中活跃的成员。然而不久，他在人类的动机和行为的本质方面，与弗洛伊德产生了重大的观点分歧。1911年，他离开了弗洛伊德的圈子。从1911年到1914年，他巩固了自己的学派，他称之为“个体心理学”（Individual Psychology）。如欲更多地了解阿德勒在这一早期阶段的成果，可参见博顿（Bottome，1957年）、奥格勒（Orgler，1973年）和韦（Way，1962年）等人的著作。

到20世纪20年代时，阿德勒已经阐明了自己的理论体系，其实际应用已经在造福于各行各业的人们。他作为精神病学家，尤其是儿童问题专家，受到了高度评价。直到他于1937年逝世前，他仍在不断地发展自己的理论，不断扩大其专业影响。

阿德勒的个体心理学是一种人格理论，是关于社会心理的理论，是发展的理论、认知的理论。其理论从一开始就有独特和基本的观念，然而尽管一些观念从1912年到1937年从未改变，这一理论还是经历了三个清晰可辨的发展阶段。

在第一个阶段，阿德勒将器官自卑感与心理过程联系了起来。他认为器官缺陷本身并不决定行为，但有些人会将缺陷转化为补偿性成就，而另一些人会将其转化为机能的虚弱和衰竭。他认为这些个体的差异反映了一种创造性的过程和选择的自由。后来，在其理论形成的第二阶段，他较少地关注器官自卑，而更多地关注自卑的感受。这种感受是一种主观过程，并不依赖于器官活动。提到感受，阿德勒指的是一种观点和一种态度，而不仅仅意味着情感或感觉。在发展其理论的这两个阶段，阿德勒强调努力克服：首先是克服器官自卑，然后是克服自卑的感受。

在第二阶段的部分时间，他认为一个根本且普遍的人类动机是“权力意志”，这是克服自卑感的主要手段。然而，他更关注的是人们对于更普遍的优越性的争取，而不仅仅是对权力的追求。这个时期他强调的是通过争取个人“优越”的成就克服个人“不足”的感觉。这在第三阶段发生了变化，即从20世纪20年代晚期到1937年他去世的阶段。在第三阶段，阿德勒极度轻视个人争取优越性的重要性，认为这是一种纵向的社会过程。相反地，正如莉迪娅·西歇尔（Lydia Sicher，1955年）所指出的，他强调争取平等和合作的横向的社会过程。他专注于对人类社会的认同感，超越了对个人“负”和个人“正”的关注。在第三阶段，阿德勒说所有个人的根本动机都是“归属”人类共同体——有一个位置，它会为人类社会的幸福做贡献。对阿德勒思想的这一发展更全面的阐述，可参见德雷克斯关于阿德勒理论的书（1950年/1953年，1969年）和《社会平等》（*Social Equality*；1971年/1983年），以及弗格森的论文（Ferguson，1984年）。

简而言之：20世纪初，当阿德勒是一位帮助病人解除身体疾患困扰的医生时，他创立了一套基于器官自卑的心理学理论。从1910年到1920年，这套理论发展成为一派更广泛的学说，专注于个性形成和儿童发展，以及个体能够努力克服自卑感的方式。从20世纪20年代晚期直到1937年，他专注于每个人归属于人类共同体并感觉到他有一个自己的位置的基本需求。他认为“个人”奋斗目标是贡献，而“社会”则追求从不足到优越。因此向上的奋斗标示着一个群体的特征，而基于平等和合作的横向努力则可能是所有个人与生俱来的潜力。只有当个体不能感觉到自己有一席之地并可做出贡献时，他才会基于错误的理念上，通过争取优越性来努力克服自卑感。

“个体心理学”这个名称意指每个人都是不可分割的整体。每个人都是作为一个整体发挥作用的“个体”。阿德勒心理学的名称并非旨在暗示与社会过程和社会心理学的对抗，也不是要将个体和社会对立起来。恰恰相反，阿德勒坚信个体与社会是相互依赖的。这个名称旨在关注个体的整体性，而在那个时代，其他人，尤其是弗洛伊德，都强调分裂的人格，一个人的某些部分在进行个体的内在冲突。在阿德勒看来，个性并非由不同的部分构成，个人是作为一个整体来适应外部世界的。个体心理学强调整体论，这是该理论的根本特征。

个性的一致性和整体性被称为“生活风格”(Life Style)。这是个专业术语，形容个人在生活中寻求的统一和独特的基本方向，因而阿德勒所说的“生活风格”不能与这个词的现代用法相混淆。后者（现代用法）指一种可以随时间和环境而改变的生活方式。现代术语代表一种与环境相关的较为表面的行为方式，与阿德勒所说的“生活风格”意思正相反。阿德勒的“生活风格”并不是指暂时的或表面的生活方式，而是指一个人对他生命期限内生活的长期定位。此外，生活风格指的是一个人对自己和他人的基本看法，以及这个人的基本人生目标。

个性的整体性和一致性反映了个体心理学的一个基本原则。第二个基本原则是阿德勒认为所有人类行为都是有目的的，你只有理解个人的目标，才能理解其行为的含义。阿德勒的目标定向很重要，有三个原因：第一，目标是人为构建的。目标是主观事件，而阿德勒的理论专注于主观过程。第二，目标是体现选择和决定的认知事件，阿德勒的理论专注于自我决定。在阿德勒的理论中，心理决定并不是基于个人生活中的历史事件，而是基于人在设定其获取未来结果的道路时所做出的选择和决定。第三，阿德勒理论以未来为导向这体现了该理论固有的乐观本质。主张行为是由目标决定的观点，是治疗和恢复的基础，这一观点体现了变化的可能性：你无法改变历史，但你可以改变你的目的。

“目的论”这个术语描述了阿德勒理论所强调的以目标为导向。在19世纪，“目的论”这个词有宗教意味，表示终极命运决定着事件的进程。这不是阿德勒的意思，也不是这个词的现代概念。现代对“目的论”这个词的用法并不带有神秘色彩，因为今天这个词并不指终极现实，而是指个人所构建的计划或目标［维纳（Wiener），1948年］。

第三个原则是，所有人都是“社会性的”。人类活动只有在其社会意义上才能被充分理解，正是人类的这种社会性质，奠定了“归属需求”的基础，阿德勒称之为“社会兴趣”（Gemeinschaftsgefühl）。

总之，阿德勒的理论原则是整体性、目的论和社会性。阿德勒首创的许多概念，仅举几例，如私人逻辑和常识、自卑感、气馁和鼓励、家庭星座、生活任务等，都与这三项基本原则和谐一致。

# SOCIAL INTEREST AND PURPOSIVE BEHAVIOR

# 第二章 社会兴趣和目的性行为

当阿德勒从关注器官缺陷转而专注于心理过程后，他创立了一套理论，一方面强调主观过程，另一方面也非常强调社会过程。在那个时代，许多人都强调生物决定论和生理决定论，科学界的主要关注点是先天过程，阿德勒却关注观念和想法，以及与生俱来的社会性，这一点远远领先于他的时代。

一个目标或一种意图就是一个想法，但不需要在意识的层面上形成。当一个孩子想着“我要去那儿”的时候，这一目标明确了孩子想要行动的方向。作为对一个人想去哪里的一种抽象概念，目标是发生在此时此刻的主观事件，有别于将要发生的客观事件。目标是个体在某一特定时刻所拥有的想法，无论这个结果达成与否。例如，假定某人的目标是“我要与你战斗”，这就给了他行动的方向，即使随后并没有发生战斗。正是在这个意义上，阿德勒认为，目标是动机和行为的基础。“我要去那儿”并不必然是指具体的身体位置，还可能是指心理上的目的地，因此阿德勒的理论强调理解一个人的“行动”的重要性。努力要成为最优秀的游泳运动员，或者最富裕的运动员，或者世界上最狂热的游泳爱好者的个人，他的行动会朝着一个目标前进，这个目标清晰可辨，但与其说是具体的身体运动，毋宁说是象征性的。

从婴儿时期起，目标就给予人行动的方向。目标不需要靠言语来启动，也不需要被有意识地加以察觉。婴儿时期的目标非常简单。例如，婴儿会寻求新奇或有趣的刺激，会寻求舒适和社交刺激，“人来疯”的婴儿可能是在寻求关注或权力等目标。

阿德勒认为每个人都是社会共同体的一部分，因此我们的自我意识就是我们社会身份的体现。所有人的基本需求，都是在社会共同体中获得自己的归属感与位置。在婴儿时期，这个共同体就是家庭。随着一个人的社交范围越来越大，他寻求归属感的社会共同体也越来越广阔。在理想情况下，一个成年人寻求归属的终极社会共同体是整个人类，这是其自身不断扩大的人性意识的一部分。在整个人类中获得认同和归属的感觉，代表着最宽广的社会关怀。但一些人眼中自己所属的“共同体”，则要狭隘得多。例如，有些人的“共同体”只包括取得一定收入的白人，或者只是某个特定民族的人。一个人参照群体的范围，就是这个人定义其寻求归属的社会共同体的方式，在成年时期，这要比在孩提时代抽象得多。

归属感这一基本需求将人类团结在一起。一个人对于这一需求拥有什么样的观念至关重要。如果一个孩子在成长过程中坚信他在家庭中拥有归属感和牢固的位置，那么随后在更大的共同体中，他的奋斗目标就会是为共同体的福祉做贡献。个人就其在社会中的位置所形成的观念，对其形成什么样的目标有决定性的作用。按照符合阿德勒理念的方式培养出来的孩子，将会“感到自己是家庭中平等的一员”并且是“整个人类平等的一员”（阿德勒，1931年/1958年，第261—262页）。然而，假如这孩子得出的结论是自己没有价值、不够好、没有位置，那么他将会把自己的精力倾注在寻找一个位置上。他不会将自己的能量导向为人类的福祉做贡献，而是全神贯注于自己的个人地位。因此，一个人如何看待他是否在社会中拥有归属感和自己的位置，为这个人设定其目标类型奠定了基础。

有两个问题，对于人是否有归属感和位置的观念有着重要影响。第一个问题是：关于有位置、有归属的信念，是可以通过后天的奋斗而获得，还是必须先天建立起来。德雷克斯指出，假如一个人怀疑自己没有位置和归属，那么为了证明自己有所归属而付诸的努力经常会导致一个无法实现的目标。当一个人感觉自己没有归属，并且认定自己必须证明自己才能获得归属时，他将努力奋斗以求找到自己的位置。然而，无论这个人取得了何等成就，假如他在根本上坚信自己无所归属，则其行动不可能令他相信自己找到了位置。因此，教师、父母以及心理治疗医师必须帮助一个人知道他的存在本身就足以让他“有位置”和“有归属”，而不是他必须争取一个位置或者证明自己有归属。相信自己有位置的人，会将自己的精力运用于做贡献，而不是证明自己的价值或地位上。第二个问题是，努力贡献是不是人类理想的目标。阿德勒理论毫不含糊地对这个问题做出了肯定的回答。正如阿德勒所指出的（1931年/1958年，第8页）：“每个人都在为重要性而奋斗；但是他们的整个重要性，都必然来自于他们为其他人生活所做出的贡献。假如认识不到这一点，他们就总会犯错误。”

归属于共同体的感觉，就是德语中“集体感”（Gemeinschaftsgefühl）一词所形容的一种为了“共同体”（Gemeinschaft）的“感觉”（Gefühl），同时也暗示着一种与共同体同在的感觉。这是一种包含认知、态度和情感的“感觉”，其中还有对共同体及其福祉的关切。阿德勒指出，每个人都有开发这种感觉或感受的内在潜能，在养育孩子时，我们能够创造出促成这种感觉最高度发展的最佳环境。当人们早期与婴儿联系的方式建立起来时，就已经设定了增强或抑制为共同体或与共同体同在之感受的社会环境。英语中对gemeinschaftsgefühl一词的翻译是社会兴趣（Social Interest），但是假如你认为兴趣只是疏离和冷淡的关切，那么这个术语就产生误导了。“群体认同”是gemeinschaftsgefühl这个词的关键，假如读者理解了这一点，那么“社会兴趣”就不会是误导性术语了。

为了对群体产生认同，孩子需要感受到自己是群体的一员，感受到自己属于群体。孩子的这种感受越强烈，其形成的社会兴趣就会越多：归属并不只是一种身体上的或客观的事实，而是一种主观过程。也就是说，孩子能够从客观角度上知道自己是一个群体的一员，但仍然感觉不到自己是其中的一员。这种感受，包括共享感、相互作用感以及自己在群体中的存在对群体利益很重要的感受。很多孩子在成长过程中知道客观上他们是家庭的成员，在那个意义上他们属于家庭，但他们固执地认为，他们在家庭中的角色是轻如鸿毛的，家庭并不需要他们，他们的存在对于群体的福祉无足轻重。在一些极其负面的案例中，他们甚至认为假如没有自己，群体会更好，他们的存在成了群体福祉的障碍。

从归属感中，便产生了贡献的目标。归属感既是个人和群体间的相互依赖在提高和实现后的产物，又会推动这种提高和实现。反之，它也会导向贡献和对整体福祉的关切。阿德勒指出，每个人的社会兴趣的潜能都是天生的，但适当的群体过程却需要先天的潜能充分发育成熟。包含合作、信任、对个体的尊重、价值平等在内的群体过程，以及培养共同决策和共享后果的群体过程，是最有可能激发社会兴趣成长的过程类型。此处就重要性而言，并不是群体比个人更重要，而是个人和群体相互依存。只有当群体中每个个体的福利都被充分考虑到，群体的福祉才会最大化；对群体的尊重不能取代对个体的尊重。群体可以学习以这种方式越来越高效地运作，当孩子进入一个以这种方式运作的家庭时，孩子就有了从出生就开始发展出社会兴趣的充分可能性。群体无法强制孩子发展出社会兴趣，但能激发其发展。

当阿德勒提出他的理论时，对于一种先天潜能需要某些类型的社会经验才能得到充分发展的假定，同时代还没有明显的类比。因此，他对社会兴趣的阐述并不容易为人所理解，无论对公众还是对专业人士都是如此。然而，新近的科学进步展现了一个类比，那就是语言。人类有使用和理解语言的先天能力，但为了发展这种先天潜能，人们必须有适当的社会经验。阿德勒的社会兴趣的概念可以与语言相比拟：尽管人类有先天潜能，但假如没有适当的群体经验提供的刺激，无论是语言还是社会兴趣，都不能得到充分的开发。

在阿德勒理论中，社会兴趣是个体能实现他真正的人类潜能的最根本的过程。当一个人为人类的福祉做贡献时，他才有可能开发出他解决问题、完成任务、学习和创新方面的创造力，而不是将他的精力耗费在证明他“足够好”或者是一个有价值的人上面。

阿德勒的理论之所以著名，是因为其关注的是父母如何教育孩子、老师如何与学生打交道的问题。从上述讨论应该能清楚地看到，阿德勒为什么要倾注大量的注意力在这些问题上。一个人越是年幼，就越能在直接、即时、客观的经验基础上，主观地评价他的环境。因此，尽管一个成人或者青少年或许不大容易基于新的互动方式去改变其基本信念和目标，但是儿童在体验积极的新社交互动模式时，这些新体验更容易培养并促进积极的目标和态度。

儿童的世界观，以及他对于自己是谁、他要怎样融入更大格局的感知，都源于早期的社会体验。尽管儿童根据自己的经验和观察来创造自己的结论，但这些结论都源于实际生活中的事件。儿童越早体验到和谐与合作，就越有可能形成拥有归属感和渴望贡献的主观世界观。儿童的世界观和目标比成年人的更容易塑造，因此孩童时代是社会兴趣充分发展的理想时期。不过，阿德勒理论指出，社会兴趣在任何年龄都可能得到发展，而且实际上，心理治疗的关注点就是帮助就诊者发展其社会兴趣。

简而言之，婴幼儿的归属感会帮助他开发出一种围绕自我价值、资格、能力和有用性形成关于自我的观念，并且围绕信任、体面和合作形成关于其他人的观念。儿童会在群体生活的情况下发展出身份认同感。这种自我观、世界观、他人观，以及儿童形成的目标，都是他自己的创造，但是反映了他拥有过什么类型的体验。他越多地感受到自己是群体中重要的成员，他就能越多地认识到自己对群体福祉所做贡献的价值。他越多地尊重别人并从别人那里获得尊重，他的自信心和社会兴趣就会更强。这并不意味着他和其他人之间就没有冲突，也不意味着他没有沮丧和失望的时候。更确切地说，这意味着他准备随时汲取生活的经验，去寻找解决问题的办法。随着他不断长大，接触到越来越多的社交联系，不断扩展自己在各个群体中的成员身份，他将为积极的人际关系，为创造性和有成就的生活，为克服困难和应对失败的勇气，奠定一个能提供最大机会的坚实基础。

# COURAGE, INFERIORITY FEELING, AND SUPERIORITY STRIVING

# 第三章
# 勇气、自卑感和争取优越

阿德勒理论指出，社会兴趣有益于“其他人”和社会。于是，有人会问：“那为什么说社会兴趣会令个人自身受益无穷呢？”尽管有许多方式来回答这个问题，但所有答案都含有一个词——“勇气”。当一个人坚信他属于人类共同体，而且其人生目标是为人类共同体做贡献时，这个人就不会为个人声望而担忧，也不会为他的个人价值而恐惧。这样的担忧和恐惧，会消耗人的大量精力，令许多人困扰。阿德勒学派的心理学家发现，当一个人缺少大量的社会兴趣时，这种情况就会发生。一心只想着自身价值就不大可能有所成就。与之相反的是，心中想着如何做贡献，就会给人带来力量而不是损伤。社会兴趣有助于在许多方面给人带来勇气：它能带来尝试新事物、解决问题、与人互动、与他人合作，以及专注于当下任务而不是次要问题的勇气。对解决问题和完成任务的关注取代了对个人声望的关注。因此，当你具备社会兴趣时，你可能会更高效地发挥作用。在困难的情况下，你更可能去分析形势，研究如何改善工作，而不是将不理想的发挥视为个人失败的迹象。社会兴趣有助于个人将“行为”与“行为者”区别开来：你会认识到错误是不可避免的，错误并不意味着个人的失败。社会兴趣给人带来勇气，帮助人“永不屈服”，而且“再试一次”，去迎战困难和挫折。

自信是社会兴趣的副产品。当你为他人的幸福做贡献时，社会兴趣会加强和增长你自身的力量感；当你因生活中的困难和问题而沮丧时，社会兴趣会带领你采取那些最有可能提高你自信的行动。这种模式是循环往复的。如果你一开始就确信自己有位置，这种信仰就会给你带来自信和社会兴趣。即使你后来遭遇到令人沮丧的事情，并因此而丧失了自信，社会兴趣仍然会帮助你更有效地工作，更好地克服困难，这反过来又有助于你恢复自信。自信在此意味着相信“我能行”或“我有能力应对”。这与“我有位置，我有归属”是有差别的。由于其他动机也能导致自信，在此有必要考虑一下社会兴趣的独特作用。例如，研究显示，成就动机较高的儿童和成人［麦克莱兰（McClelland），1958年，1962年，1973年］，比成就动机（也称为“成就需求”）较低的人更加自信，也更愿意冒实在的风险。成就动机较高的人往往更乐观，他们更关心的是寻求成功，而不是逃避失败。他们比成就动机较低的人更依靠自己，更趋于任务导向。因此高成就动机能促成与贡献动机类似的行为和态度。然而，“成就需求”高的人基本上都注重通过自己的努力获得成功，因此这样的人在形势要求合作和集体来解决问题时，并不是必然能发挥自身优势。需要注意很重要的一点是，自信本身并不足以解决生存问题，以及让自信拥有者在各种情况下产生勇气，或是让自信拥有者掌握灵活的应对策略。

假如你只关心自己的成就，而不同时关心其他人，也不注重要求为他人福祉做贡献的价值体系，那么你会发现，自己很难与其他人和睦相处。通常，贡献包含完成任务和发挥出色。即使简单的任务，也可能完成得很好或完成得很糟，而高水平的成就会产生对社会的巨大贡献。然而，一心只关注自己的成就，就会阻碍与他人的良好合作。只关心自己的成就的人往往难以意识到别人的需求或者“形势的需要”。很多在商业上或专业上的“成功”人士，都是信心十足，成就杰出，然而他们却不明白为什么自己的婚姻不那么成功，他们孩子的潜能开发不出来。对他人的福祉缺乏关心，会限制你的人际交往能力和人际理解力，所以自信，作为一种“我能行”的信念，对实际生活而言是不足够的。

社会兴趣给人带来的视角，使人在千变万化的形势下，面对各种错综复杂的任务时，能够勇敢地行动。当你不用为保住自己的地位、证明自己的重要性而忧心时，你就能欣赏到生活的很多方面，从很多经历中汲取经验教训。通常，合作不仅发生在与其他人之间，也发生在与生活之间。社会兴趣并不能保证人在生活中成功，也不保证所有障碍都能被很好地克服。然而，有效地生活需要勇气，最坚忍不拔的勇气来自于社会兴趣。这不是指体格出众或大胆行动的那些伟业所需要的勇气，而是应对生命中持续不断的挑战的勇气。

社会兴趣有时会与其他动机相混淆，比如努力取悦他人或顺从。由于做贡献通常要求拿出创造性的办法而不是顺从，且由于顺从实际上有可能妨碍对他人形成帮助，顺从绝非社会兴趣所指。同样地，取悦他人也不等于社会兴趣，虽然当一个人做出贡献时的确会令其他人高兴。两者的差别在于意图。如果一个人付出努力的首要目标是取悦别人而不是做贡献，那么当努力的结果与贡献对立时，这个人可能仍会努力去取悦。为了做贡献，你经常不得不在明知后果的情况下去引发其他人的不满。因为想让孩子高兴而“不忍”对他说“不”的父母，经常是并没有为孩子的幸福做出贡献。其目的并非做贡献，而是私利。取悦他人是一种让自己受欢迎的手段，不同于帮助解决问题或改善局面。将取悦他人作为做贡献的副产品，还是作为增强个人地位的手段，这两者是截然不同的。

为了做贡献所带来说“不”的勇气，有时会被误解为对抗或反叛，其目的会被错误地归结为引起注意或争夺权力。正如顺从不等于社会兴趣一样，不顺从也不等于社会兴趣。即使许多反抗者说的话像是在关心公共利益，但其目的是不是做贡献，仍可由他在多大程度上是在寻求解决问题而非争取特殊地位，以及在多大程度上是在寻求合作而非引发冲突中区分出来。

为做贡献而努力，有异于为声望或特殊地位而努力。那么，如果贡献对于个人和社会都如此富有价值，人们为什么还要寻求别人的注意，或是权力和声望呢？从阿德勒学派的观点来看，人们追求特殊性和优越性，是为了克服不足感和自卑感。当一个人没有归属感时，他就会认为自己“不够好”，从而感到自卑。这种感觉是与一个人作为人类的地位和价值相关联的。因而许多孩童时代受到不佳教育的人，长大后会坚信自己能力不足，并感到自卑。阿德勒在其写作的第二阶段，提出由于婴儿来到这个世界上，是由更大更强的人们生出的，他们势必感到自己的弱小。然而后来，到其理论形成的第三阶段，阿德勒又认识到，如果儿童在成长过程中受到的是合作和平等的教育，而不是竞争和纵向奋斗的教育，那么自卑感就并非不可避免或普遍存在。相反，孩子们会拥有归属感，会坚信自己在社会上有地位、有价值。因此自卑感代表着一种源于挫折经历的错误“感觉”。

阿德勒指出，儿童时代有两种类型的经历尤其可能导致自卑感。一种是被溺爱和娇纵，孩子自己什么事情也不做，其他人却过度保护和“惯坏”孩子。另一种是被拒绝和忽视，孩子被像弃儿一样对待，没有受到应有的关怀。第一种情况导致自卑感，是因为孩子被剥夺了做贡献并认识到自己力量的体验。他长大后，会坚信其他人一定会照顾自己。这样的孩子感到自己无法做贡献，自信感较低。被忽视的孩子也感到自己做不了贡献，因为其他人并不欢迎他的贡献和努力。这两种类型的孩子都明显缺乏信心。

为了克服自卑感，孩子会通过各种办法来努力寻找他的位置。最常见的情况是以引起别人的关注或者获得权力为目标。假如孩子没有感觉到平等，他会试图通过以某种方式变得“特别”来找到一个位置。孩子有可能使用有益的手段，比如努力成为刻苦的学生、优秀的运动员，或者见义勇为；孩子也可能会通过干扰性或破坏性的手段，如炫耀、欺凌弱小或者蓄意破坏。在这一纵向过程中，孩子误以为优越就是平等。为了克服自卑感，孩子很可能为优越而努力，误以为获得了优越，他就将“像其他人一样特别”，进而就和他们平等了。孩子不知道他追求变得“特别”的目标，是作为克服自卑感的手段。然而，在心理咨询时采用适当的揭示方法，心理咨询师能够轻而易举地帮助幼小的孩子认识到他的误解和目标。但是对于较大的孩子和成人，采取这样的充分表达的方法要困难一些，因为大孩子和成人所存在的这种误解（偏执）和目标要更加根深蒂固。

德雷克斯的著作（1947年，1948年，1957年）中描述了没有归属感、不以贡献为目标的孩子们的四种错误目标。这四种目标都与孩子们试图找到“特殊”位置，认为这样会带来“归属”的错误观念有关。首先是寻求关注的目标。孩子们错误地认为“我只有获得人们的关注，才有价值，只有那样我才有归属感”。寻求关注的目标有可能被导向有益的方向，比如成为老师特别的帮手，或者成为家里的“好孩子”。寻求关注也可能被导向“无益”的方向，即对个人或其他人的生活都未产生积极影响。孩子干扰他的同学，挑衅他的兄弟姐妹，调皮捣蛋，粗心大意，莽莽撞撞，以打扰别人的方式引起注意。德雷克斯在很多书中都描述过这种目标。例如，当孩子在通过激怒别人来寻求关注时，如果他受到斥责，就会停止自己的行为，但那只是暂时性的。而且，假如通过“有益”的行为没能获得别人的注意，那么“取悦”行为就可能转化为激怒行为。将引起注意作为目标，能够很容易地与将贡献作为目标区别开来，因为一个以贡献为目标的人无论是否受到注意，都会继续做贡献。

为了变得“特别”而努力，以及想通过引人注目而找到位置并因此感到沮丧的孩子，很可能转向另一个目标，即追求权力。权力目标有很多形式，但都意味着支配。以权力为目标的孩子或成人，有可能是个恃强凌弱的人，或者是个公然的“霸王”，但也可能以更微妙的专横形式表现出来。孩子可能示“弱”，也可能示“强”，以成为“小霸王”。以其恐惧或疾病来支配他人的孩子，能够像打架和威吓的霸凌者一样，获得凌驾于他人的权力。支配的目标反映了一种“你必须照我想要的去做”的心态，因此比寻求关注的目标更令人不快。就孩子而言，这也反映了一种更令人沮丧的前景。关于干扰他人的行为，区别在于支配人还是支配任务。以权力为目标所指的孩子并不是想要以自己的方式解决问题或完成任务，除非在这一过程中他放弃寻求支配他人。此处的权力指人际间的支配，而有权力取向的人，无论是孩子还是成人，都会由于不够尊重他人，而破坏了和谐和合作。

假如沮丧的孩子认定他无法通过权力来找到位置，并深深地感到受伤，他或许会寻求第三个目标：报复。随着孩子沮丧和受伤的感受越来越深，他会试图通过减少社会兴趣来寻找自己的位置。由于自己感到受伤，因而通过寻求伤害别人来追求优越的目标，可能是孩子认为的自己能寻找到某种地位的唯一方式。以复仇为目标，寻求反击并伤害他人，说明孩子的挫败感极强。他不再相信自己是被接纳和需要的了，因此孩子会采用极端的手段来主张他的重要性。假如这样的办法都不能带来生活的成功，孩子就会更加沮丧，坚信自己根本是无足轻重的，于是他就可能追求第四种目标。那是一种彻底退缩的目标，正是阿德勒所谓"自卑情结"所反映的状态。有这种目标的孩子不再进行任何外向的努力以创造优越地位。其特殊性表现为以"别管我"为目标。有这种目标的孩子不再相信任何努力会有益。假如大人试图施以援手，那么孩子的反应也将使大人也会感到沮丧，以至于大人也会认为这孩子无可救药。想要更加透彻地了解这四种目标的读者，会在德雷克斯、格伦瓦尔德（Grunwald）和佩珀（Pepper）合著的书，以及德雷克斯和绍尔茨（Soltz）合著的书中，发现有价值的信息。

成年人追求优越的形式更复杂，但像孩子们一样，他们采取的方式可能是"有益"的，也可能是"无益"。他们追求优越以发现一个位置的努力，有可能造福于社会，也有可能对社会产生无所裨益的影响。因为到了成年期，人有了"生活风格"，它能够产生各种各样的行动和短期目标，因此成年人不会像孩子们那样展现出那四种清晰可辨的错误目标。

阿德勒将所有心理失调和不适的问题，都视为社会兴趣的缺失。神经衰弱、精神错乱、行为不良，以及许多心理障碍，都反映了一个人在深深的自卑感基础上为争取特殊地位而进行的努力。帮助这样的人重新定位其目标和信念，消除其自卑感、增强其归属感和社会兴趣，于是便成了阿德勒学派所有心理咨询、心理疗法和心理教育的目标。

# PRIVATE LOGIC, COMMON SENSE, AND LIFE STYLE

第四章
# 私人逻辑、常识和生活风格

阿德勒理论更注重主观而不是客观的“起因”，认为一个人的行为并不直接基于客观环境，而是基于这个人对客观环境的理解。阿德勒理论的学者试图了解每个人的“私人逻辑”，以确定个人的统觉。

“统觉”（apperception）这个词是由亨利·默里（Henry Murray，1938）等非阿德勒学派的学者于1938年率先使用的，它是个很有用的术语。当一个人观察物体或景象时，尤其是在观察没有清晰轮廓的含糊对象，或者外表有些模糊的对象时，可能会产生两个过程。这个人在生理上由视觉通道决定的方式，“感知”到物体或景象，然后在目标、期望、情感和其他非视觉流程的基础上，“诠释”他所感知到的对象。对感知到的事件的诠释，就是“统觉”。统觉的过程发生在很多情况下，尤其是人际交往情境中。人通常不仅“感知”事件，而且会对视觉信息和听觉信息添加诠释。诠释的过程很快，而且通常是在人不知不觉的情况下发生的，因此这个人认为他以某种方式“看到”了事件，而没有意识到自己对视觉输入添加了多少附加意义。人除了诠释所感知到的对象，还选择性地注意和记忆他所感知到的对象。于是关于客观事件的信息，会以各种各样的方式，受到主动的主观过程的建构，经常还会遭到修改。这种情况在日常生活中普遍存在，对此，心理学家——不仅仅是阿德勒学派的学者——都已开始系统性地研究，在观察、记忆和诠释感知到的事件的正常过程中，这种情况是怎样发生的。尽管心理学家总体上越来越关注个人组织和修改其感知的方式，但是值得注意的是，在目前情况下，阿德勒理论从一开始就强调主观过程在一个人的行动以及其评估（统觉）周围事件的方式上的重要性。

阿德勒在很多方面都是先驱，其中之一就是他强调主观过程对于人格发展的重要性。尽管弗洛伊德确实最早强调人格对日常思维、幻想、行动和情感造成了影响，但他却认为人格的形成是由童年时期的客观环境决定的。与之相反的是，阿德勒认为人类从婴儿时期开始，就在形成反应模式，创造个人经验，并通过自身的诠释、行动和目标来塑造其人格。阿德勒指出，早期的家庭生活为人格发展搭建了舞台，但家庭中每个孩子作为独立的个体都会创造他自己的诠释和目标，并由此创造独特的“生活风格”。因此，在各自遗传和客观环境的框架中，每个人在儿童时期形成一种模式和方案，决定其生活、适应、成长和处理生活中问题和机遇的方式。这种模式和方案，是在主观评价和个体决策的基础上，通过一种创造性的过程而形成的。

按照阿德勒理论，每个孩子自出生起便主动地整合其经验，而且是以自己独特的方式来进行。孩子在婴儿期就已经形成了简单的计划和目标。在这方面，阿德勒理论与皮亚杰关于智力增长的观点（皮亚杰，1953年，1955年）是一致的，他们认为年幼的孩子就能形成简单的模式，为感知和行动提供基础。然而，在其他方面，阿德勒的理论就与皮亚杰不同了。阿德勒强调目标，阿德勒理论认为目标和模式的重要性，在于其社会性和心理动力的性质，皮亚杰理论并无此认识。

阿德勒发现，甚至小婴儿的行为，都会显示出方向和模式，到了一岁时，其目的性行为和模式化努力就清晰可辨了。孩子对直接环境的评价日益整合成一种“人生观”。这起初是试验性的，但逐渐被试验和失败的方法塑造成一套清楚连贯的概念。主观模式代表着一种私人逻辑，即使成人认为该模式无效且“不合逻辑”，孩子仍会认为它是有道理的。等到孩子五六岁时，他对生活意义的设想已经经过了很多次检验，他开始认为自己的信仰是真实的。孩子并没有认识到自己信念的主观性，而认为它们在客观上是成立的。因此，阿德勒提出，孩子在五六岁时形成了一种“生活风格”，这是一种与世界相关的模式：它包含着基础的自我概念和生活目标、一种世界观和处理生活情境（modus operandi）的生活模式，这种模式在一个人的一生中都保持相对稳定。

生活风格保持相对稳定，是因为人在相信自己的基本信念和生活模式是正确的之后，宁愿按照他先前的信念来诠释新的生活事件，而不愿在面对新经验时改变其信念。而且，由于人更愿意按照其生活目标和信念来选择朋友和经历，所以他不大可能接触到关于自己和他人的截然不同的新信息。如果说父母、老师和其他辅导者可以理解孩子的私人逻辑，帮助他提供有可替代性的积极的生活经验，进而扩大孩子的社会兴趣并给他更多的鼓励，孩子还是有可能在六岁后改变其生活风格的。然而，假如这样的经历在小学阶段没有出现，孩子就会坚定地接受其既有的生活目标和世界观，从而导致其除非通过心理治疗，否则在寻常环境下不会改变的生活风格。

阿德勒理论中的私人逻辑既包括成人的观念，也包括孩子的观念，因为个人偏见也是人的理解力和动机的一部分。思想的偏见本质经常是不被注意的，也并非差异的来源，因为在日常生活中，人的大部分交流都是建立在共享意义和共识的基础上的。信仰和词语的意义是某一种文化的成员所普遍接受的，“常识”为许多人类活动提供了标准。尽管阿德勒指出个体根据他们独特的统觉来诠释事件，但他也强调常识对于社会和人类活动的重要性。

与弗洛伊德分裂的自我（自我、超我和本我）的说法相反，阿德勒认为个体的私人逻辑和其常识之间并无内在冲突。更确切地说，一个人的行为要遵循其个人的目标和信念，也遵循公共性的过程。在精神错乱的情况下，私人逻辑会偏离常识，走向极端。然而，精神病患者并不是绝对会在所有场合、所有情境下都表现出这种偏离。德雷克斯经常谈到，一个精神病患者在感觉到归属感和鼓励的情境下，可能会表现出极强的团体意识和常识，即使在其他情境下这个人会体验到错觉和幻觉。

生活风格作为人格的核心，提供并代表一个人心理机能的统一性、独特性、连贯性和稳定性。个体的长期人生目标和基本的自我概念及世界观提供了一幅蓝图，给这个人的生活方式赋予了特色和结构。对朋友和职业的选择，对恋人和婚姻伴侣的选择，都与基本目标和生活风格的概念是一致的。每个人通过人生道路所展现的行为种类，反映了他在一生中遇到许多情况时所产生的各种各样的直接目标。短期的或直接的目标，总是与生活风格的长期目标相一致，但是在特定的生活风格中，存在大量不同的短期目标都是可能的。而且，假如一个人的生活风格建立在社会兴趣的基础上，并且有广阔的世界观和自我概念，这个人的短期目标就很可能广泛繁多并富于创造性。阿德勒学派已经研究出一些技巧，使得临床医师和心理咨询师能够了解一个人的生活风格。德雷克斯认为，一个人的早期回忆和与家庭星座有关的信息，是了解其生活风格的基础（弗格森描述了德雷克斯的一些观点，1964年）。其他技术，如梦的解析、艺术疗法和心理剧等，也能提供非常有用的诊断信息。尽管这些后来产生的技巧更可能揭示短期目标，而不是生活风格的长期目标，但是人们发现，在造诣高超的阿德勒学者们指导下，这些技巧是极富价值的。例如，在心理剧中，家庭星座有可能被描述出来，个人行为也可能将早期记忆表演出来。

区别短期目标和长期目标是有益的。对于寻求心理帮助的大多数人来说，对生活风格进行重大改变是没有必要的。相反，仅仅改变某些直接目标，就有助于移除困难，改善实际生活。然而，无论一个人是否希望改变其生活风格，了解其生活风格，作为了解其统觉、行动和决策模式的办法，往往仍是价值巨大的。

许多人最初认为难以将这些总体原则运用于日常生活。在我们的文化中，我们没有学习过去了解目标或私人逻辑。因此我们需要例证来将阿德勒的思想诠释进实际生活。例如，许多人都能认识到他们的行为“没道理”。人们经常说：“我明明知道这样做不对，可我为什么还要这样做呢？”这样的话反映的是，这个人懂得常识，然而在此之外，他没有意识到自己的私人逻辑。孩子和成人经常知道自己应该怎样做，或者说规矩是什么，但他们仍然不那样做。依阿德勒学说的观点来看，这并不说明存在矛盾心态或缺乏意志力的情况，而是说明每个人都依照自己的目标行事。假如目标是“我要说了算”或者“没人能吩咐我该做什么”，那么做别人认为你会做的事，或者做“对你有益”的事，就会被视为失败。放弃个人的私人逻辑，顺从于常识，就是屈服。不按照“应该”的方式行事，就是展示“说了算”的作风：“我能为所欲为——别人愿意的话，可以理智行事，而我想做什么就做什么。”于是，按照其私人逻辑，他吃得太多、喝得太多，私情也太多——在此“太多”是根据常识判定的，而这个人是按照自己的私人逻辑，公然地藐视了常识的。只有当个人的目标改变了，比如当这个人不再想要说了算，不再想着“你们全都见鬼去吧，我想干什么就干什么”了，这个人的行动才会符合常识。随着我们的目标被导引向贡献，以及我们更多地拥有了归属感，更加努力地去满足任务要求，我们的行动也就会更符合常识。在某些情况下，这也许只要求我们改变一下短期目标。但在另外一些情况下，则要求我们对生活风格做出重大改变。鉴于一个人的短期目标从来不会与生活风格相悖，为了使一个人的行为变得更符合常识，改变生活风格也许是必要的。

# FAMILY CONSTELLATION AND SIBLING RELATIONSHIPS

## 第五章
## 家庭星座和手足关系

根据阿德勒理论，由于个人的人格是在人生的最初几年形成的，早年生活经历和接受的教育对一个人一生的幸福都是至关重要的。因此父母的教育非常关键，当父母学习按照阿德勒理论的原则来抚养孩子时，未来的困难就可以预先规避掉了。

在家庭生活的早年，孩子逐渐形成了他对自我和人生的总体概念。孩子通过其家庭内部的互动，最早体验到合作或冲突、鼓励或挫折、价值平等或自卑感。他发现了自己能参与和分享、信任和被信任的程度，并逐渐形成了可能的联合或竞争的概念。

与弗洛伊德相反的是，阿德勒注重整个家庭的整体结构和互动。弗洛伊德认为只有母子关系和父子关系对孩子的人格发展有重要影响，有牵涉全部三人的俄狄浦斯情结（Oedipus complex，针对男孩的恋母情结）和厄勒克特拉情结（Electra complex，针对女孩的恋父情结）需要解决。弗洛伊德并不认为兄弟姐妹关系有多重要。然而，在阿德勒看来，手足关系也非常重要。众所周知，阿德勒强调出生顺序，认为家庭中的每个孩子都有一个独特的“顺序位置”（ordinal position），这个位置决定了他自有的、独特的视角。所有家庭成员组成了一个社会单位，他们客观地生活在同一个家庭中。然而，重要的

“他人”构成的社会环境，对家庭中的每位成员是不同的，家庭的每个成员都有独特的体验和互动。每个人都会做出主观的结论并形成个人的统觉，这些结论和统觉并不必然与家庭的其他成员共有。

尽管阿德勒以注重出生顺序而著称，但他在这方面的观点却经常遭到误解。孩子在出生顺序中的位置只表示孩子存在成为某种类型的可能性，并不表示确定性。长子长女很可能成为支配型，而最小的孩子很可能成为可爱型，但都不是必然。这是因为在我们的文化中，大多数家庭的出生顺序往往会导致最大、中间和最小的孩子体验到不同的互动关系。尽管阿德勒学派的学者认同出生顺序是影响孩子人格发展的重要因素，但特定类型的行为模式并不能仅在出生顺序的基础上预测。不仅是文化及其规范在变化，而且不同的家庭，其成员间的相互关系也不同。因此顺序位置是在动态上有意义的，但其本身并不能预言某种特定的人格类型。

家庭是一个动态的整体。每一个孩子的出生都为家庭群体带来了一位新成员，而随之会出现新的互动模式。每个新成员进入的都是一个有着既定模式的群体，但新成员到来后，也会增添他自己的贡献。结构要素，如出生顺序，使得特定的统觉和互动模式更可能出现，如长子长女会受到特别的关注，父母对他们的标准之高，可能是后来出生的孩子得不到的。然而，在最终分析中，真正重要的是家庭整体的动态。阿德勒的整体论对家庭动态、一般的群体动态和个体动态都是适用的。顺序位置表示的是家庭结构的一个重要方面，就此而言它有助于形成孩子的统觉和家庭成员之间的互动模式。

在许多家庭，第一个出生的孩子都想努力对弟弟妹妹进行支配、控制，对他们发号施令，而家庭中最小的孩子则努力靠卖萌来找到一个位置。老小作为家中最后出生的人，有时极具野心，会想努力赶超哥哥姐姐的成就。许多中间的孩子都感到压力很大，他们会形成一种世界观，认为人生是不公平的。所以中间的孩子经常会通过努力成为公平的仲裁者，来找到自己的位置。如此说来，出生顺序有可能会预示着统觉、目标和人格特征。然而，任何特定家庭的模式，都可能多少与文化规范有所不同。例如，在一些家庭，长女可能经常会感觉受到为难和轻视，而最小的男孩却称王称霸。要评价家庭中每个孩子的人格发展，仅仅知道其顺序位置是远远不够的，我们必须充分了解家庭的动态和家庭中每个成员的“活动”。

阿德勒认识到，孩子们在家庭中是按照各自努力在群体中寻找一个位置的方式，来塑造自己的人格发展的。随着孩子为找到一个位置而“活动”，他逐渐形成了在家庭整体互动模式的基础上塑造其人格的行为取向。孩子逐渐形成他认为将有助于自己找到一个位置的属性和特征。假如一个家庭中有强烈的竞争，而且既不提供鼓励也不强调社会兴趣和价值平等，孩子们就可能发展出竞争模式，这种模式会在他们逐渐形成截然不同的人格特征时清晰地显现出来。德雷克斯在他的《阿德勒心理学基本原理》（*Fundamentals of Adlerian Psychology*，1950年出版，第40页）一书中，对此做出了最好的总结：

当每个家庭成员都在为自己在群体中的位置而奋斗时，竞争对手会小心翼翼地相互观察，以寻找对手成功或失败的途径和办法。一个人在某方面成功了，其他人就会放弃在那方面的努力；一个人显示出缺点或弱点，其他人就会乘虚而入。于是两个家庭成员之间的竞争，总是通过性格、气质、兴趣和能力的差别表现出来。与此相反的是，性格中的相似之处总是意味着联合。有时候，两个最强的竞争者之间看不出公开敌对的迹象，反倒显得像一对形影不离的伙伴；然而，他们的竞争性努力还是会以人格差异而表现出来。

因此，性格和行为的相同和差异是在孩提时动态的人际交往过程中形成的。手足关系反映了兄弟姐妹间为了能在家庭中寻找到位置而进行的联合或竞争。假如孩子不相信他们每个人都在家庭中拥有自己的位置，或者能找到自己的位置，他们就会努力竞争，以相互损害为代价，试图找到一个位置。他们认为自己必须为获得一个位置而战斗，必须在竞争中相互倾轧。一个人的荣耀就是另一个人的失败，就像跷跷板一样，没有赢家。有时候两个或多个兄弟姐妹会结成同盟对抗一个或多个共同的“敌人”。在这样的同盟中，兄弟姐妹的奋斗会导致相同性，而不是跷跷板一样对立的品质。不仅是手足之间能结成同盟，父母和孩子也可能结盟并竞争，例如，母亲和最小的孩子一起对抗父亲和最大的孩子。

很多时候，家中最大的孩子都将第二个孩子的出生视为对自己地位的威胁。阿德勒恰如其分地将之称为“废黜心态”，正如皇家一位小王子出生时，头生子就有了被废黜的可能。特别是当头胎是个女孩，二胎是个男孩，而皇家世系又以男性层级为基础时，这类事情在历史上曾屡屡发生。无论是否出于对“废黜”的恐惧，头胎与次子最常见的关系是竞争（弗格森，1958年），两个孩子发展出对立的个性特征。尽管存在大量各种各样的可能性，但通常第一个会与第三个孩子形成联盟，对抗第二个孩子。甚至长相一模一样的双胞胎都可能成为竞争者，形成对立的个性。

家庭中孩子间的年龄差异和手足间的性别差异，都在“家庭星座”中发挥着作用。家庭星座决定着每个人在早年的个性形成时期的“戏剧角色”。如欲充分全面地描述家庭星座，则必须考虑到在孩子的个性形成期居住在他或她家的所有家庭成员的性别和年龄。这也许包括（外）祖父母、叔父（舅父）和姑母（姨母），以及所有融入家庭与孩子共同生活的其他人。对家庭星座的观察要包括相互作用线，比如哪些人相互模仿、哪些人相互反叛，哪些人相互支持、哪些人相互对立，以及以什么样的方式相互作用。家庭的价值观也很重要。在一个注重智力的家庭，反叛者会发展出非智力的行为模式；而在一个注重体育运动的家庭，反叛者可能会努力成为一名知识分子。

由于生活风格是在特定的家庭星座中形成的，欲了解一个成年人，非常重要的就是回顾性地再现其童年时代与家庭星座有关的信息。阿德勒指出，因为生活风格涉及一个人在童年时代为达到其为自己设立的目标所采取的行动，所以只有了解那个目标形成时的背景，才能掌握那个目标的意义。例如，想要“出人头地、脱颖而出，成为一个真正的男子汉”

（弗格森，1964年，第411页）这样的目标，对于一个身为长兄且需要努力超越四个弟弟的人，和一个作为家里最小的男孩、没有兄长却深受四个姐姐宠溺的人，其意义是大为不同的。

家庭作为一个整体，以其总体的互相作用模式，为孩子早期的生活体验提供了环境。因为某些客观经验对于培养社会兴趣、勇气和整个家庭成员之间的联盟提供了更大的可能性，所以每个人的主观评价和目标离不开早期的儿童经历。每种生活风格都是以一种创造性的独特方式发展而成的，但这一事实并不意味着体验的客观环境无足轻重。更确切地说，孩子经常正确地观察了事件，但却给出了错误的诠释。

通过心理疗法，成年人可以对自己早年的性格形成期产生新的认识，也可以改变自己的信仰和目标。他可以改变儿童时期经历的“事实”，也可以遵循另外的行为模式。就父母的教育而言，重要的是父母要学会理解孩子的私人逻辑，提供合作性的家庭体验，促进孩子归属感和贡献目标的形成。父母在营造家庭环境、提供家庭价值、展示如何解决冲突和制定社交生活规则方面，发挥着重大的作用。父母可以学习理解孩子的目标及其在一种社会背景下发展其个性的方式。通过觉察家庭模式，父母和孩子能够共同努力，为个人和家庭营造最佳的运行模式。

第六章
# 早期回忆、应用心理学、有意识和无意识

# EARLY RECOLLECTIONS, THE PSYCHOLOGY OF USE, CONSCIOUS, AND UNCONSCIOUS

童年早期的性格形成阶段，在阿德勒理论中非常重要，因为这个时期塑造了人们持续一生的目标和态度。统觉和诠释——而非客观事实本身——会在孩子以及此后成人的个性中留下持久的印记。主观因素对人的成长发展非常关键，其重要性体现于人在成年后回忆其童年早期的方式。

早期回忆对于识别一个人的生活风格很关键，因为对于回忆起儿童时期特定事件的成人来说，这些回忆代表了他的改变和生活概念。早期回忆在阿德勒理念中有特殊的意义，它们是发生在当事人八岁前，并且当事人能肯定地确认其发生过的特定事件。德雷克斯将“早期回忆”和“报告”区分开来。当他提及“报告”时，通常意味着当事人表示发生过许多次，但缺乏明确的开头和结尾的一系列事件，或是意味着当事人并未回忆起，但因为其他人告诉他此事发生过而假定发生过的一个事件。[一些阿德勒理论家同意这种“听说”发生过的事件能反映生活风格，但在德雷克斯看来，这些“听说”过的事件在揭示生活风格时，并不像早期回忆那样有效。欲了解对过程更详细的描述，可参考弗格森著作(1964年)。也有一些阿德勒学派的心理治疗师发现，让人们“编造”一份早期回忆是有益的，因为他们发现这样的建设也代表着与当事人生活风格一致的挑拣和选择。然而，这并非收集和研究早期回忆的典型程序。]

早期回忆，是一个有开头有结尾的特定事件。成年人在讲述这个事件时，通常能确定一幅场景，讲出亮点，并清楚地回忆起当事人现场的感受。早期回忆在阿德勒心理学中形成了一种投射技术（弗格森，1964年；莫萨克，1964年）。阿德勒学派认为，人们会选择回忆童年时代能巩固其基本目标及其关于自己和世界的判断的事件（阿德勒，1931，1958年）。换言之，人们会清楚而敏锐地回忆一些事件，以此作为证明自己的基本目标和信仰正确以及维护其生活风格的手段。

举一个例子，假设有个人认为人生是不公平、不可信的，他本人是其他人的阴谋和失败的牺牲品；这个人的目标（他认为唯一可能的目标）就是蔑视别人，展示他们有多不公平，因为他坚信如果他不这样做的话，别人就总会利用他。拥有这样一种生活风格的人，假如有一系列回忆将他描绘为生活在善良友好、乐于助人的人之中的好孩子，那么他就不可能比较容易地维持这些信念。然而，如果回忆展示的是当他还是个孩子时，别人都是不值得信任的，到处是人们布下的圈套陷阱，这就会充分支持他成年后的判断和基本生活目标。通过特别的早期回忆，一个人会对自己和他人说："世界就是这样，这就是我的命；这就是我唯一的解决办法。"对阿德勒理论的学者来说，重要的不是事件是否当真发生过，而是当事人相信事件发生过，当事人相信那些事情是真切实际的历史事件。

早期回忆形成了一种模式和一个主题。阿德勒学派的心理治疗师能够识别回忆中的变化和回忆方式如何形成一种描绘"这就是我的人生故事"的模式。这个人在童年时是否报告过那个事件，或是十年后他作为成人时是否正好回忆起同样的细节，都和那个事件是否当真发生过一样，并不重要。真正重要的是这个人目标和基本概念的恒久不变。阿德勒理论的学者认为，一个人早年讲述的早期回忆，会揭示同样的目标和概念。阿德勒坚信一个人的生活风格会保持多年稳定不变——一个人也许会在不同的时间讲述早期回忆中的不同事件，但阿德勒理论的学者相信这些事件将显示出同样的生活目标和基本概念。

我们按照我们的目标选择性地记忆事件，这个假设是阿德勒理论的基本原理。我们选择从"最近"和"现在"的环境中挑选出符合我们"近期目标"的方面；假如我们想要屋子里的所有人都钦佩我们，我们就会注意到那个皱眉或看上去不感兴趣的人。我们会挑选形势中那些符合我们直接目的的方面。阿德勒理论是一种"应用心理学"：我们选择对我们有用的，符合我们目的（目标）的。同样，早期回忆也是我们选择的，它们是我们为满足自己长期目标而对过去的利用。早期回忆中栩栩如生的情绪和特别的密封场景，是我们对生活的关键之处的选择。随着生活风格在心理治疗中发生变化，早期回忆的信息也会发生变化。在某些情况下，整个内容都会被忘记，而在另一些情况下，只有一些部分会被忘记，而新的部分会被首次回忆起来。德雷克斯过去常说，在心理治疗中，早期回忆变化的程度是体现生活风格变化程度的关键指标。

"应用心理学"并不意味着我们知晓自己回忆的事件是为个人目标服务的事件这一事实。人们意识不到自己的长期目标，经常也意识不到更近期的目标，一个人在回忆童年往事时，并不知道自己为什么能记起特定的事件。这个人会假设记起的事件是客观真实的，因而才会栩栩如生。他不知道是他选择了事件，也想象不到这些事件或许根本没发生过的可能性。

我们的行为在某些方式上与我们的目的一致，但我们并不需要意识到自己的目的，也不需要意识到我们的行为符合目的的方式。阿德勒对"有意识"的定义是"知道"，对"无意识"的定义是"不知道"，在不同的时候我们可以知道也可以不知道某个给定的目标或行为。在阿德勒的理论中，"有意识"和"无意识"是相对的，不是绝对的，也不是泾渭分明的。对弗洛伊德来说，"无意识"有非常特别的含义，实际上它是被大写了，并在人格结构中被赋予了一个位置，成了“潜意识”（Unconscious）。与之相反的是，阿德勒并没有给予无意识特殊的地位，以与意识历程相对立。我们意识到或意识不到我们的行动和目的，是因在给定的时间里哪种有价值或用处而定的。如果意识到自己行动的目的将有助于我们更高效地执行行动，那么我们就更可能知道（意识到）它们。相反，如果意识到行动的目的对我们没有帮助，甚至会妨碍我们更有效地达到目标，那么我们就可能意识不到目的。

一些理论，比如弗洛伊德和荣格的理论，之所以强调潜意识历程的重要性，是因为“潜意识”自身有某种动力的假设，认为潜意识历程能“使”人采取行动。在阿德勒的理论中，每个人都是决定自己行动的决策者，潜意识力量并不能“使我们采取行动”。因此，对意识历程和潜意识历程进行严格区分，在阿德勒理论中是不必要的。

应用心理学并不奉行享乐原则，即我们只做让自己快乐的事情。确切地说，无论是就私人逻辑而言还是就常识而言，我们只做“合逻辑”和有道理的事情，但是无论如何我们的行动和目标都有某种基本原则。应用心理学有时被攻击为过于实用主义或实利主义，阿德勒则被错误地指责为假设人们的行为都像经济学家一样。阿德勒理论的反对者搬出了“非理性”的盛行，声称人类行为经常是自我挫败和不理性的。然而，当阿德勒提出自己的理论是应用的心理学时，他并没有认为“非理性”的行为不会发生。相反，在考虑“谁的理性”时，你必须说清楚参照系。一些人以自己的私人逻辑，对自己和人生做出了令人难以置信的假设。按照常识的标准，他们的信念是非理性的。但是从那个人的观点来看，他的信念和行动都遵循着自身的逻辑和主观感受。于是，即使从其他人的观点来看某个行为也许是“愚蠢的”，但每个人追求的都是就自己对环境的评估而言有用的目标和行动。“有用”并不意味着一个人知道自己的主观信念或对其有意识，也不意味着这个人明白他为什么要追求某些目标。然而，当进行过心理咨询后，某个个人的私人逻辑就被揭开了，这个人行动的“有用性”就很容易看清了。例如，一个不想对婚姻做出承诺的女人，也许会奇怪为什么她总是被已婚男人所吸引，或总是与另有所属的男人坠入爱河。她也许会责怪自己不能克制潜意识的冲动，也许会抱怨自己命不好，或者怪自己不理性。然而，尽管她没有意识到，但从她自己的主观视角来看，与不大可能结婚的男人发生爱情对她要有用得多。如果进行心理咨询，这种情况就可能会被讨论到：一旦意识到自己行为的目的，她就会决定今后是否还要继续同样的行为。她也许会断定避免对婚姻做出承诺符合她最大的利益，因此有意识地继续她先前的行为。在清楚明白的情况下，她认识到自己有选择的机会，她可以根据自己的决定而采取行动。

由于主观性是心理生活的一部分，我们并不能意识到我们的许多行动或目标。[德雷克斯（1963）曾谈及“心理学不确定原理”，我们要么在行动中，也就是说在向目标前进的过程中，要么在分析和反思行动中，但我们不可能在同一时间既是观察者又是行动者。]我们经常需要借助外部的视角，来了解我们自己的目标和信念。觉察可能是极其有用的。如果我们知道我们在干什么以及为什么目的，我们就会更容易评价自己的行动和目标，如此一来，再做出新的选择和决定，就会容易得多。但是在很多情况下，觉察只会干扰平稳的行动和高效的运作。例如，如果我们意识到自己是怎样说话和怎样走路的，我们的注意力就可能会转移到效率更高的行动上来，但无须这样的注意力，乘车都更加高效。同样的情况还会发生在我们与其他人打交道时。觉察也许会中断我们人际关系间的平稳，也有可能会导致犹豫和尴尬，妨碍先前很流畅的社交互动模式。对阿德勒理论学派来说，“知道”和“不知道”是处于流动状态的，会依环境而变化，也会因做选择和决定的个人的“逻辑”而不同。因为大多数人都还没有学会识别目标和私人逻辑，他们的大量意识都集中在生活的其他方面。然而，意识可能会通过学习阿德勒的理论和方法而得到增长。

# EMOTIONS, CONSCIENCE, AND GUILT FEELINGS

# 第七章 情感、道德心和负疚感

情感可以说是为行动提供了燃料，在阿德勒的理论中，情感总是在为目的服务。我们复杂多样的情感（如喜、怒、哀或爱）推动我们向某个方向“移动”，不仅是离开某一事物，而且是向某个目标前进。例如，一个伤心、生闷气的孩子，也许是在寻找其他孩子或成人的怜悯和帮助。一个感觉到爱和幸福的人，也许是在寻求另一个人的亲昵和爱。当我们愤怒时，我们经常恐吓别人，进而从别人那里得到我们想要的。

可以举个例子，一个家庭里有两个儿子，年龄分别是10岁和12岁。弟弟一直努力想战胜哥哥，已经成功了很多年：弟弟长得好看一些，是个优秀的小游泳运动员，无论在学业上还是体育上都出类拔萃，在一切可能的方面，他都做得非常出色，性情也好，简直没有任何毛病。哥哥呢，从阿德勒的手足竞争观念可以预料到，是彻底气馁的：无论是学校的功课还是体育运动，他都不怎么样，脾气也坏，朋友很少，难得有快乐的时候，大部分时间都心情忧郁，或者悲伤、愤怒。这个家庭来寻求帮助，于是依照阿德勒理论的风格，整个家庭都被请来参加咨询。为了帮助大孩子感觉更加自信，两个孩子和父母都参与了讨论。懂得手足竞争观点的阿德勒理论学者们明白，一旦“坏”孩子得到了改善，先前的“好”孩子就很可能变得非常沮丧，行为和情感都会急剧变化。这个家庭便发生了这样的情况。这个家庭中存在着根深蒂固的竞争，兄弟之间和父母之间，互相都认为“如果你成功了，我就没法成功；而如果我成功了，就没你什么事了”。于是，随着大孩子获得了更多的勇气和自信，小孩子“投降”了。没过多久，弟弟的学习成绩就下降了。尽管他擅长游泳，却突然一点儿也不想再游泳了，而且他在很多原本优秀的方面都退步了。这种“跷跷板”现象极其常见，阿德勒理论学者知道如何预测这种现象，并帮助挽救这种局面，因为他们明白家庭动力学（见弗格森，1958年）。情感与目的相称，这一点在这两个男孩子身上清楚地显现出来：无论是谁“赢了”，击败了另一个，他都会欢欣鼓舞；而无论是谁不够“优秀”，他都会灰心丧气。在为争取优秀而进行的激烈竞争中，他们认为两人中只有一个能够获得一个积极的位置，能感到自己是个有益于社会并拥有归属感的人。于是两个人都很脆弱。无论谁“成功”了，都会表现出一种情感，而无论谁“失败”了，也会表现出另一种情感。当成功方与失败方颠倒后，两个男孩的情感也会颠倒。情感的目的是使每个孩子向着他所定位的目标前进。当他向“成功”前进时，他有着社会上积极的情感，而当他向“没用”前进时，他则有着社交上消极的情感，这反映的信念就是：“如果我不能通过‘成功’得到认可，那么我的位置就是‘糟糕’和失败。”情感促使我们或者与他人更亲近，或者与他人保持距离。当我们寻求爱和友谊时，我们的情感就与寻求权力和斗争时不同。因为在我们的社会中，普遍的认识是情感是由外部力量引发的，很少有人认识到，情感其实是我们自己的选择和决定的结果。

情感目的性的一个极好的例证，是由“负疚感”提供的。这种情感是很多人都体会过的，通常包括身体不适，甚至是悲痛。尽管可能会感到懊悔，但是更显著的表现是这种态度：“我这个人怎么这么差劲啊！”“负疚感”突出的特点是，专注于过去，关心个人的地位。有负疚感的人不具备解决问题的未来取向，即考虑“我能做些什么来改善形势”。负疚感代表的是一种自我取向的情感，关注的是犯错者自身的境况，而非他所伤害到的其他人的福利。在一篇题为《作为借口的负疚感》（*Guilt feelings as an excuse*）的重要论文中，德雷克斯（1967年）阐明需要将负疚感与过失区别开来。当一个人怀有“负疚感”时，他一方面追求与违背社会兴趣的私利，另一方面又试图展示其良好意图。德雷克斯指出，尽管负疚感意在展现较高的道德意识，但实际上却是为了逃避负责任的行动。良好意图是当事人逃避明知是负责任行为的烟幕。

负疚感表示“为当前的沮丧到过去寻找证据，以证明自己毫无价值或无能为力的正当性”，所关注的是“实际或想象中的过去的错误举动，意在证明现在的错误态度是正确的”（德雷克斯，1967年，第234页）。

为了将过失与负疚感区别开来，德雷克斯指出，过去犯了错误并认识到错误的人，不一定会形成负疚感，实际上“真诚悔过的人并不会产生负疚感，而是努力去纠正和弥补他所犯下的过失”（德雷克斯，1967年，第234页）。而且，负疚感并不保证不再重蹈覆辙。当过错人付出诚挚的努力来赎罪或弥补过失时，负疚感就会消失。既然负疚感的目的是逃避负责任的行动，那么一旦采取了行动，就不再需要负疚感了。有时候，人无法为过去的错误赎罪，因为历史是无法抹杀的。假如一个人为无法挽回的事件负疚，那么这个人就需要如实地接受过去。人也需要接受这一事实：你能够从过去的错误中汲取教训。负疚感是一个人有目的地寻找过去的错误以逃避他当前面临的任务，理解这一点是很重要的。有负疚感的人“不是为他过去所做的，而是为他现在必须忍受的，而感到抱歉”（德雷克斯，1967年，第235页）。

因为负疚感表面上牵涉道义和社会责任，所以无论其他人还是当事人自己，往往都认识不到负疚感的目的是逃避解决当下的问题。当事人没有以选择解决问题为导向，因为他感到无力应对当前的需求。对自己声望的关注往往阻碍了对当下问题的解决——当事人会通过寻找过去的不端行为，为自己未能解决当前问题而进行辩护。

负疚感说明了情感是怎样在为目的服务。而且，负疚感还说明了良心显现的方式。阿德勒学派同意外行和专业人士普遍持有的观点——良心是一个人从他的家庭和文化中学来的规矩和道德的内在化体现。良心既涉及知识，也涉及对关于人类行为和关系的价值与规矩的接受。在任何特定的时候，人都可能选择不遵从这些已深藏于内心的信仰。如果个人只是为了逃避其他更强大的人的惩罚才接受这些信仰，那么他就很可能仅仅在有限程度上，或者根据特定的、当下的情况，才凭自己的良心行动。这样的个人将更为关心自己的名声，而不是其他人的福祉。当这样的人的名声受到威胁时，良心的命令也很可能被抛弃。然而，如果一个人不选择公然挑衅，那么通过负疚感，他或许能够断言“我有良心”。当然，很多人都认为，良心成为内在化的信仰，是他们自身的世界观和他们对别人真正关心的结果，而不是因为他们担心不认同人们普遍接受的规矩和价值而受到惩罚或报复。这样的人很可能凭自己的良心来指导自己的行动。这样的人也很可能为自己的行动和选择充分承担责任，而不是寻找借口或者诿过于自己之外的因素。

很多人不肯接受人是自己决定如何行动的这种观点，而是认为良心或情感在驱使我们做事。一种常见的说法是，“我的良心不允许我这样做”，或是，“我的感情迫使我这样做”。很多人坚定地认为，良心和情感有自己的力量，他们不愿接受阿德勒理论的观点，情感和良心是依照人的目的而使用的。无论情感还是良心，对人的行为都至关重要。但是情感和良心并不能控制我们。我们可以学会不说这样的话，比如“我的感情压倒了我”，或是“我是心有余而力不足”，再或是“我无法控制自己的行为”。相反，我们能够学会说这样的话：“我来做决定，我来做选择，无论是什么后果我都接受。”

第八章
自然后果和逻辑后果、
精神病理学及心理咨询

# NATURAL AND LOGICAL CONSEQUENCES, PSYCHOPATHOLOGY, AND COUNSELING

当孩子在成长过程中学习到他们自身行为和他人行为所带来的自然后果时，这样的学习具有积极且影响深远的长期效果。如果一个人知道其行动的后果，就可能做出高效的决策。而且，能预测人类行为中的因果关系，有助于一个人对自己的判断产生信心，并愿意为自己的行动承担责任。当孩子明白他们的行为施予他人的影响时，并认识到他们的选择和决定所产生的后果时，他们的眼力就可能有所增长，这些能力的提升使他们能够识别人类事务中的秩序和模式。这样的孩子不大可能会形成这样的世界观——认为人生是混乱的，我们所有人都是环境的牺牲品。

阿德勒理论原则在人际关系方面的应用强调逻辑后果和自然后果，而不是使用权力控制后果。在养育孩子方面，阿德勒理论鼓励父母采用民主的方法，训练孩子参与决策。在家庭里交换意见，不仅有助于孩子认识到自己作为对家庭有贡献的一员的价值，也使孩子能学会预测后果，认可自己的计划和决定，并且找到改善行为的有效办法。孩子越多地体验到秩序而不是任性，就越可能以务实的方式来诠释周围的事情，并相信自己的决策。在养育孩子方面适用的原则，在其他类型的人际关系上也行之有效。在婚姻中，双方越多地分享决定并体验其行动的自然后果，他们就会越好地学会预期困难，也就越不可能相互误解或者认为自己成了伴侣的牺牲品。同样，在工作场所，老板越多地允许员工参与决策，并顺应自然后果，而不是独断专行，员工中就越可能形成合作和信任的精神。

来自外力、以专制方式施加的奖惩，不能教会一个人依靠自己的判断和力量。外力控制的奖惩或许暂时能改变具体的行为，但不能培养自信、自立，以及创造和贡献的勇气。阿德勒理论强调鼓励而不是奖励，因为有效的学习要求个体认识到并利用自己的力量。鼓励有助于增强人的勇气；奖励则会在特定时刻改变具体行为。即使在外部环境支持有限的情况下，勇气也能带来自立，但若针对良好行为奖励个人，只能教会这个人依赖于外部环境，而不是相信自己的判断和力量。阿德勒理论的训练、咨询和指导办法，强调鼓励而非奖励，强调逻辑后果和自然后果［德雷克斯（德雷克斯、格伦瓦尔德［Grunwald］和佩珀［Pepper］，1971年/1982年；德雷克斯和卡塞尔［Cassel］，1972年）阐述了自然后果和逻辑后果的区别，以及勇敢和鲁莽的区别。有兴趣的读者也许愿意读一读德雷克斯是怎样阐释这些区别的。］而非惩罚。这些办法同样可运用于家庭、学校和工作场所。它们是与他人民主互动过程的一部分，表现的是对个体的尊重。无论是专横的办法还是放任的办法，都无助于个体自信地发挥作用，因为专横的办法不尊重个体，而放任的办法不能提供自信和高效决策所必需的秩序感。

无论是用放任办法还是专横办法教养大的孩子，都容易夸大自己的弱点，也可能放大别人的冷漠或强大。这样的人长大后，既不相信自己也不相信别人。如果他们被人们怀疑自身的力量，并且对生活的感知是冷酷和不公平的，他们就往往会寻找大量的理由不去满足生活的需求。对实际生活环境的扭曲评价形成的消极偏见会阻挠个体去寻找解决问题的办法，促使这个人退缩和放弃，而不是力图去改善境况。

不能完全地投入社会生活中的人际来往，就是阿德勒所描述的精神机能障碍的特点。从阿德勒理论的观点来看，精神机能障碍从根本上讲是一种态度的扰乱，是关于人对自己缺陷的一种错误信念，是对人生的一系列错误认识。这些错误观念阻碍了神经过敏者、精神错乱者和犯罪者充分地参与和贡献。精神机能障碍会在人对待工作、婚姻和友谊（阿德勒称之为“人生的三大任务”）［莫萨克和德雷克斯详细阐述过这三大任务，又增添了人生的第四大和第五大任务（德雷克斯和莫萨克，1966年；1967年；莫萨克和德雷克斯，1967年）。］的方式上显现出来。神经过敏、精神错乱和犯罪的个体认为自己无能，认为世界不公平、不可预测，或者完全是邪恶的，他们躲避合作，不愿着手解决实际生活中的问题。精神机能出现障碍的过程并不必然导致彻底的精神病或者犯罪行为，因为阿德勒发现，在最适当的积极态度和极端的沮丧和幻灭之间存在连贯性。精神病和“健康运行”间并不是非此即彼、全有全无的二分的关系，相反，两者形成了一个连续统一体。

精神病患者功能的减弱，并非来自真正的笨拙或者缺乏知识，而更多地来自一种态度：“我不参加活动，如果参加，我也只按照自己的规则行事。”减弱的功能不仅代表着个体对于合作和贡献的失败，也源于个体对合作和贡献的拒绝。这个人因认为自己是不可能完全参与的，人生是徒劳无功的，而他的努力也无任何助益，于是他在沮丧中拒绝满足生活的需求，拒绝寻求贡献的方法。［推荐在此方面进一步阅读，例如读下列论著：阿德勒（1961年）关于抑郁症的论文，舒尔曼和莫萨克（1967年）关于症状的目的的论文，以及舒尔曼（1968年）关于精神分裂症的书。］

秉承阿德勒理论的心理医生通过鼓励和再教育，帮助精神病患者减轻或消除他们造成心理障碍的观念和生活模式。由于阿德勒从错误态度和观念的角度来看待精神病，他将治疗和咨询视为一种教育，这种教育能帮助患者学习新态度和新观念。阿德勒理论的原则因此既适用于家庭教育和学校教育，也适用于为办公室里、精神病医院或监狱里的精神病患者提供心理咨询和心理治疗。通过再教育，寻求心理治疗或心理咨询的个人能够学到关于自己和他人的新观念。患者不再寻找借口或推诿于外部因素，而是学会关注自己的行动会带来怎样的具体结果。这个人会通过看清自己对他人以及对手头的任务所产生的影响，逐渐认识到他并不像自己原先以为的那样软弱无助。经过心理治疗和心理咨询，这个人逐渐认识到随着自身行为的改变，外部世界也变得越来越有帮助，越来越不邪恶。通过学习认识自己的行为和决定所产生的后果，这个人逐渐相信了自己有所选择。由于受到了鼓励，他开始相信他能够通过自己的力量和创造力参与其中并做出贡献，他也有能力过上更满意、更充实的生活。

# REFERENCES 参考文献

Adler, A. *What life should mean to you*. New York: Putnam Capricorn Books, 1958. (Originally published in 1931).

Adler, K.A. Depression in the light of Individual Psychology. *Journal of Individual Psychology*, 1961, 17, 56–67.

Bottome, P. *Alfred Adler: A portrait from life*. New York: Vanguard Press, 1957. (Originally published in 1939).

Dreikurs, R. The four goals of the maladjusted child. *Nervous Child*, 1947, 6, 321–328.

Dreikurs, R. *The challenge of parenthood*. New York: Hawthorn, 1948.

Dreikurs, R. *Fundamentals of Adlerian psychology*. Chicago: Alfred Adler Institute, 1953. (Originally published in English in 1950.)

Dreikurs, R. *Psychology in the classroom*. New York: Harper, 1957.

Dreikurs, R. The psychological uncertainty principle. *Topical Problems in Psychotherapy*, 1963, 4, 23–31.

Dreikurs, R. Guilt feelings as an excuse. In R. Dreikurs (Ed.), *Psychodynamics, psychotherapy, and counseling*. Chicago: Alfred Adler Institute, 1967.

Dreikurs, R. *Grundbegriffe der Individualpsychologie*. (Revised edition of Fundamentals of Individual Psychology). Stuttgart: Ernst Klett, 1969.

Dreikurs, R. *Social equality: The challenge of today*. Chicago: Alfred Adler Institute, 1983. (Originally published in 1971.)

Dreikurs, R., & Cassel, P. *Discipline without tears*. New York: Hawthorn, 1972.

Dreikurs, R., Grunwald, B.B., & Pepper, F.C. *Maintaining sanity in the classroom: Illustrated teaching techniques*. Second Edition. New York: Harper & Row, 1982. (Originally published in 1971).

Dreikurs, R., & Mosak, H.H. The life tasks I. Adler's three tasks. *Individual Psychologist*, 1966, 4, 18–22.

Dreikurs, R., & Mosak, H.H. The life tasks II. The fourth life task. *Individual Psychologist*, 1967, 4, 51–56.

Dreikurs, R., & Soltz, V. *Children: The challenge*. New York: Hawthorn, 1964.

Ferguson, E.D. The effect of sibling competition and alliance on level of aspiration, expectation, and performance.

*Journal of Abnormal and Social Psychology*, 1958, 56, 213–222.

Ferguson, E.D. The use of early recollections in assessing life style and diagnosing psychopathology. *Journal of Projective Techniques and Personality Assessment*, 1964, 28, 403–412.

Ferguson, E.D. Adlerian psychology, Social Interest, and motivation theory. In T. Reinelt, Z. Otálora, & H. Kappus(Eds.), *Die Begegnung der Individualpsychologie mit anderen Therapieformen*. (Theencounter of Individual Psychology with other forms of therapy). Munich: Reinhardt, 1984.

McClelland, D.C. Risk taking in children with high and low need for achievement. In J.W. Atkinson (Ed.), *Motives in fantasy, action, and society*. New York: Van Nostrand, 1958.

McClelland, D.C. *The achieving society*. New York: Van Nostrand, 1961.

McClelland, D.C. What is the effect of achievement motivation training in the schools? In D.C. McClelland & R.S. Steele (Eds.), *Human motivation: A book of readings*. Morristown, NJ: General Learning Press, 1973.

Mosak, H.H. Early recollections as a projective technique. *Journal of Projective Techniques*, 1958, 22, 302–311.

Mosak, H.H., & Dreikurs, R. The life tasks III. The fifth life task. *Individual Psychologist*, 1967, 5, 16–22.

Murray, H. *Explorations in personality*. New York: Oxford University Press, 1938.

Orgler, H. *Alfred Adler: The man and his work, triumph over the inferiority complex*. (4th ed.). London: Sidgwick and Jackson, 1973. (Originally published in 1939.)

Piaget, J. *The origin of intelligence in the child*. London: Routledge, 1953.

Piaget, J. *The child's construction of intelligence*. London: Routledge, 1955.

Shulman, B. *Essays in schizophrenia*. Baltimore, MD: Williams & Wilkins, 1968.

Shulman, B. & Mosak, H. Various purposes of symptoms. *Journal of Individual Psychology*, 1967, 23, 79–87.

Sicher, L. Education for freedom. *American Journal of Individual Psychology*, 1955, 11, 97–103.

Way, L. *Adler's place in psychology: An exposition of Individual Psychology*. New York: Collier, 1962. (Originally published in 1949).

Wiener, N. Time, communication, and the nervous system. In L.K. Frank (Ed.), Teleological mechanisms. *Annals of the New York Academy of Sciences*, 1948, 50, 187–278.

# BOOKS AND PAPERS 推荐阅读 SUGGESTED FOR READING

Adler, A. *The education of children*. London: Allen & Unwin, 1957.

Adler, A. Feeling and emotions from the standpoint of Individual Psychology. In M. Reymert (Ed.), *The Wittenberg Symposium*. Worcester, Mass: Clark University Press, 1928.

Adler, A. *Practice and theory of Individual Psychology*. New York: Humanitas Press, 1927/1971.

Adler, A. *Problems of neurosis*. New York: Harper & Row, 1964.

Adler, A. *The science of living*. New York: Anchor Books, 1929/1969.

Adler, A. *Social Interest: A challenge to mankind*. New York: Putnam, 1939.

Adler, K.A. Depression in the light of Individual Psychology. *Journal of Individual Psychology*, 1961, 17, 56–67.

Dreikurs, R., & Soltz, V. *Children: The challenge*. New York: Hawthorn, 1964/1967.

Dreikurs, R. *The challenge of child training: A parent's guide*. New York: Hawthorn, 1972.

Dreikurs, R. *The challenge of marriage*. New York:

Hawthorn, 1946.

Dreikurs, R. *The challenge of parenthood*. New York: Hawthorn, 1948/1958.

Dreikurs, R. Family counseling: A demonstration. *Journal of Individual Psychology*, 1972, 28, 202–222.

Dreikurs, R. The four goals of children's misbehavior. *Nervous Child*, 1947, 6, 3–11.

Dreikurs, R. The function of emotions. In R. Dreikurs (Ed.), *Psychodynamics, psychotherapy, and counseling*. Chicago: Alfred Adler Institute, 1967.

Dreikurs, R. *Fundamentals of Adlerian Psychology*. Chicago: Alfred Adler Institute, 1950/1953.

Dreikurs, R. *Group psychotherapy and group approaches: Collected papers*. Chicago: Alfred Adler Institute, 1960.

Dreikurs, R. Group psychotherapy from the point of view of Adlerian psychology. *International Journal of Group Psychotherapy*, 1957, 7, 363–375.

Dreikurs, R. *Prevention and correction of juvenile delinquency*. Chicago: Alfred Adler Institute, 1962.

Dreikurs, R. *Psychodynamics, psychotherapy, and counseling:*

*Collected papers*. Chicago: Alfred Adler Institute, 1967.

Dreikurs, R. The psychological interview in medicine. *American Journal of Individual Psychology*, 1954, 10, 99–122.

Dreikurs, R. *Psychology in the classroom*. New York: Harper & Row, 1957/1968.

Dreikurs, R. *Social equality: The challenge of today*. Chicago: Alfred Adler Institute, 1971/1983.

Dreikurs, R., Rudolf Dreikurs Bibliography: 1925–1967. *Journal of Individual Psychology*, 1967, 23, 158–166.

Dreikurs, R., Corsini, R.J., Lowe, R., & Sonstegard, M. *Adlerian family counseling*. Eugene, Oreg: University of Oregon Press, 1959.

Dreikurs, R., & Dinkmeyer, D. *Encouraging children to learn: The encouragement process*. Englewood Cliffs, N.J.: Prentice-Hall, 1963.

Dreikurs, R., Gould, S., & Corsini, R.J., *Family council: The Dreikurs technique for putting an end to the war between parents and children*. Chicago: Regnery, 1974.

Dreikurs, R., & Grey, L. *Logical consequences: A new approach to discipline*. New York: Meredith, 1968.

Dreikurs, R., Grunwald, B.B., & Pepper, F.C. *Maintaining sanity in the classroom: Illustrated teaching techniques*. New York: Harper & Row, 1971/1982.

Dreikurs, R., & Mosak, H.H. The life tasks II. The fourth life task. *Individual Psychologist*, 1967, 4, 51–56.

Ferguson, E.D. The use of early recollections for assessing life style and diagnosing psychopathology. *Journal of Projective Techniques and Personality Assessment*, 1964, 28, 403–412.

Ferguson, E.D. The effect of sibling competition and alliance on level of aspiration, expectation, and performance. *Journal of Abnormal and Social Psychology*, 1958, 56, 213–222.

Feguson, E.D. Rudolf Dreikurs Bibliography: 1967–1972. *Journal of Individual Psychology*, 1973, 29, 19–23.

Fiedler, F.E. A comparison of therapeutic relationships in psychoanalytic, nondirective and Adlerian therapies. *Journal of Consulting Psychology*, 1950, 14, 436–445.

Mosak, H.H. *Alfred Adler: His influence on psychology today*. Park Ridge, IL: Noyes Press, 1973.

Mosak, H.H., & Dreikurs, R. Adlerian psychotherapy. In R.J. Corsini (Ed.), *Current Psychotherapies*. Itasca, IL: Peacock,

1973.

Mosak, H.H. Early recollections as a projective technique. *Journal of Projective Techniques*, 1958, 22, 302–311.

Mosak, H.H. *On purpose: Collected papers*. Chicago: Alfred Adler Institute, 1977.

Shulman, B. & Mosak, H. Various purposes of symptoms. *Journal of Individual Psychology*, 1967, 23, 79–87.

Shulman, B. *Essays in schizophrenia*. Baltimore, MD: Williams & Wilkins, 1968.

Shulman, B. The family constellation in personality diagnosis. *Journal of Individual Psychology*, 1962, 18, 35–47.

# APPENDIX 附录

工作环境中的人际关系远比人类生活的其他领域复杂得多。附录文章重点展示了个体心理学的思想和方法在工作场所是怎样发挥作用的，并将阿德勒的方法与其他人的方法进行了比较。个人动力以及组织和团体动力的问题将得到详细讨论。

# WORK AS A LIFE TASK IN CONTEMPORARY TIMES

附录1

# 当代作为人生任务的工作

阿尔弗雷德·阿德勒（1931年）以强调"社会兴趣"(Gemeinschaftsgefühl)而著称。社会兴趣无论对个人健康还是对社会健康而言，都是必需的。社会兴趣，就是关心并致力于增进人类共同体的福祉，我们人人都是其中一员，这是实现人类健康运行的必要条件，也贯穿于阿德勒关于人生任务思想的始终。

**作为人生任务的工作**

阿德勒［1969年；也见罗伊娜·安斯巴赫（R. R. Ansbacher），2011年；德雷克斯和莫萨克，1966年］阐述了个人需要应对的三大人生任务：社交、工作和爱情。阿德勒认为，正如其他两项人生任务一样，工作这一人生任务同样要求与他人合作和关心他人。在《生活的科学》（*The Science of Living*）一书中，阿德勒（1969年）指出，每个人：

都必须解决我们所说的人生三大问题——社交问题、工作问题和爱情问题。这些问题来自于无处不在的人际关系……就工作而言……你很难找到一份既不需要服从别人，又可以不与别人合作的工作……大体上我们可以说，工作的成功依赖于社会调适。（原书第100页）

罗伊娜·安斯巴赫（2011年，第10页）指出，人生任务“意味着一种无可逃避的责任或要求，是芸芸众生生存之必需”。也就是说，我们“必须在这个世界上谋生；我们必须经常性地相互合作”。她还指出，工作是为社会做贡献的途径，“在最好的情况下，通过工作发挥自己的才能，是一种自我奖励”。

无论一个人做什么工作，其努力及努力的结果都为他人做出了贡献。对一些人来说，工作使他们发挥了才华，又发展出巨大的能力。这样的发挥的确能导致自我满足和成就感，尤其是当与社会兴趣结合起来，并旨在为人类共同体做贡献时。

麦克莱兰（McClelland，1978年）因其对成就需求的研究和培训而闻名。成就需求对于人们如何对待工作起着重要作用。取得成就的需求会促使一个人更多地趋向于追求成功而不是规避失败，其所专注的是通过自己的努力获取更高的成就。就个人如何解决问题、如何处理与他人的关系，以及个人追求的目标种类而言，这种动机与追求权力的动机不同。有高度权力动机的人，与有高度成就需求的人，哪怕是想在斗酒方面取胜的人，都是不同的。有权力动机的人“不是想‘做得更好’，而是想‘具有影响’”（麦克莱兰，1978年，第203页）。

在某些管理环境下，对权力的需求是有益的，因为对成就的需求或许不足以实现高效的管理。重要的是，是更需要任务技能还是更需要影响力。正如麦克莱兰和博亚特兹（Boyatzis，1982）所说的："成就需求高的人，大多感兴趣的是他们做得有多好，而不是影响他人做好。"（第738页）净效应是，为了工作效率，各种类型的动机都是需要的。从阿德勒理论的观点来看，如果社会兴趣没有得到充分发展，这些动机中的任何一种都是不足的。

关于"成就需求"的文献（弗格森，2000年），源自不同于阿德勒的一种观点，并且与人生任务问题无关。许多人似乎都有高度的成就动机，但他们仍然运作得不好，因为他们更多地致力于个人得到认可，而不是为社会做出贡献。海因茨·安斯巴赫（Heinz Ansbacher，1981年）曾描述过这方面一个极端的例证，是他记录下来的世界著名芭蕾舞演员瓦斯拉夫·尼因斯基（Vaslav Nijinsky）的事例。这位舞者——阿尔弗雷德·阿德勒也曾向他提供过心理咨询——他在发挥自己的才能及取得卓越成就方面是很成功的。但在他人生的关键时刻，他出现了心理失调。安斯巴赫描述说，这位舞者的人生目标不是贡献，而是追求优越，于是当他的成就下降后，他就患上了精神病。尽管这位舞者的心理失调是个并不常见的事例，却反映了人在追求高成就时所针对的社会目标的重要性。

与一个人的工作有关的动机，需要纳入人生任务这样更广阔的视野。每个人在工作中都会遭遇成功和失败。许多人将自己工作中的成功视为自己作为人的价值的标志。如果他们的成就下跌，或者他们的工作得不到别人的认可或欣赏，他们就会极度沮丧。在很多情况下，这意味着人的自我概念随着其工作成就而起伏。将工作视为人生任务，以为更大的共同体做贡献为目标，是一种有助于个人避免这种沮丧的办法。

**鼓励在完成工作这一人生任务方面的作用**

在各自所履行职责的共同体中，人是否相信自己是有价值的贡献者，这一点在很多方面影响着人类的成就。也就是说，当人们拥有嵌入高度社会兴趣的积极自我概念时，或是当他们感觉受到鼓励而不是感到气馁时，他们通常会运作得更好。

关于积极的自我概念、高度的社会兴趣和受到鼓励的感觉对高效运行效果的研究仍然稀少，部分是因为展现积极的自我概念的价值的文献，通常并不包括对社会兴趣和鼓励的考虑。以至于积极的自我概念甚至显得对有效应对和健康运作有负面影响，不过，也有引人注目的例证，即鲍迈斯特（Baumeister）、坎贝尔（Campbell）、克吕格尔（Krueger）和福斯（Vohs）的合著（2003年），支持阿德勒理论的论著［丁克迈耶（Dinkmeyer）和德雷克斯，1999年］。阿德勒理论强调鼓励在人生所有领域中对有效运作的重要性。

有一个接入了积极的自我概念和鼓励的一些特点的概念，得到了更广泛的研究。自我效能（self-efficacy）这个概念，最早是由非阿德勒观点的学者阿尔贝特·班杜拉（Albert Bandura，1977年，1997年）提出并发展的，但这个概念与高度自信（积极的自我概念）和鼓励的感觉，有一些相似之处。不过自我概念指的是人对于自己作为人的整体价值的看法，而自我效能指的是对自己在完成某一具体任务方面的能力的自我评估。因此自我效能与具体任务中的表现密切相关，而自我概念则要全面、综合得多。

毫不奇怪的是，一个人对自己能力的信赖与他较好地完成工作的程度之间，存在着互反关系。研究表明了这种二元关系，即当一个人注意到自己的工作绩效得到改善时，他反过来会更加相信自己做好工作的能力；当一个人的自我效能提高后，他的工作绩效也会改善［霍尔茨贝格尔（Holzberger）、菲利普（Philipp）和孔特尔（Kunter），2013年］。自我概念和鼓励与任务绩效的直接联系不多，但这种联系的确存在［丁克迈耶和德雷克斯，1999年；蒂米斯特（Tymister）和韦勒（Wöhler），2012年]。当个人受到鼓励时，他们对自身和自己总体的应对效能会有更积极的看法，他们也更愿意坚忍不拔地克服障碍，更开放地寻找解决问题的办法，以提高任务绩效。

工作环境因工作场所令人感到鼓舞的程度而不同。不仅是管理者，同事也能影响工作环境中令人受鼓舞的程度。假如群体是竞争性的，个人关注的都是自身利益，而不关心其他人的福祉，就很可能在工作场所形成令人沮丧的氛围，不会带来最佳绩效。同样，令人期望值较低、凝聚力较差的环境，也不大可能是令人感到鼓舞的，因而也不会产生最佳工作绩效。符合实际、公平合理且不太苛刻的高标准会令人鼓舞，而令人有压迫感的过高标准不大可能鼓励人。由于受鼓舞的感受与个人自身的目标和背景有关，理解和实现个人的信仰和抱负，同时致力于培育相互支持的氛围，对于建设令人鼓舞的工作场所至关重要。

乐观主义和鼓励是密切相关的。乐观主义是一种行为信念，包括但并不等同于希望[梅因（Main）和博夫纳（Boughner），2011年]。一个人也许自我效能不高（即认为“我不能很好地完成任务”），但需要使他相信，如果给予培训并积累起经验，他将能够很好地完成任务。乐观主义的文化对于营造所需要的鼓励气氛是必要的。在工作场所，个人采取行动，会产生后果。为了让人们形成信念，相信自己能够获取期望的结果（任务），乐观主义的文化不可或缺。不仅是个人，还有工作共同体，越多地拥有乐观视野，也就会有越高效的乐观主义氛围。

人们来到工作场所，都是带着偏见、期望和才华而来，这意味着不仅仅是管理者和上级，每个单个的同事都对工作条件有着巨大的影响。认识到每个人都对工作场所的所有其他人有影响，对于确保群体积极的工作条件是很重要的。

有专制关系历史的个人，往往会认为是上级或管理者主宰着工作场所的气氛。管理者的作风会改变工作气氛，这是无可否认的，但是有民主关系历史的个人明白，下属对于总体的工作环境，也起着非常重要的作用。从民主关系的观点看，在工作场合，每个个人都有价值和影响力。在许多工作环境中，地位较低但擅长鼓励他人的雇员，对于确保工作环境的积极性，有着更大的影响力。

在过去的几个世纪，当工作更多地牵涉任务而不是关系时，工作能力是主要问题。创造力、服务和个人特质的贡献相对较小。只要你做了被分配的工作，激励问题在很多方面是无所谓的。在当今时代，有了自动化和功能异常强大的机器后，工作场所的情感和社会因素变得越来越重要。情绪低沉的员工，无论是在管理岗位的最高层还是一个组织中的最低层，都有负面的影响，因为工作场所所包含的，不仅是生产率，还有社会关系和情感关系。除了需要工作能力外，也需要鼓励，无论员工地位如何，能给人以鼓励，就都有影响力。鼓励别人并接受别人的鼓励，会使得员工能增强其正面的自我概念，反过来，这又扩大了员工们寻找办法加强其工作能力和自我效能的可能性。

**参考文献**

Adler A. (1931). *What life should mean to you*. New York, NY: Little, Brown.

Adler, A. (1969). *The science of living*. New York, NY: Anchor Books.

Ansbacher, H. L. (1981). Discussion of Alfred Adler's preface to *The Diary of Vaslav Nijinsky*. *Journal of Individual Psychology, 37,* 136–152.

Ansbacher, R. R. (2011). The life tasks: Opening convocation, Meredith College, August 27, 1979. *Journal of Individual Psychology, 67,* 9–12.

Bandura, A. (1977). Self-efficacy: Toward a unifying theory

of behavioral change. *Psychological Review, 84,* 191–215.

Bandura, A. (1997). *Self-efficacy: The exercise of control.* New York, NY: Freeman.

Baumeister, R. F., Campbell, J. D., Krueger, J. I., & Vohs, K. D. (2003). Does high self-esteem cause better performance, interpersonal success, happiness, or healthier lifestyles? *Psychological Science in the Public Interest, 4,* 1–44.

Dinkmeyer, D., & Dreikurs, R. (1999). *Encouraging children to learn.* Philadelphia, PA: Brunner-Routledge.

Dreikurs, R., & Mosak, H. H. (1966). I. Adler's three tasks. *Individual Psychologist, 4,* 18–22.

Ferguson, E. D. (2000). *Motivation: A biosocial and cognitive integration of motivation and emotion.* New York, NY: Oxford University Press.

Holzberger, D., Philipp, A., & Kunter, M. (2013). How teachers' self-efficacy is related to instructional quality: A longitudinal analysis. *Journal of Educational Psychology, 105,* 774–786.

Main, F. O., & Boughner, S. R. (2011). Encouragement and actionable hope: The source of Adler's clinical agency. *Journal of Individual Psychology, 67,* 269–291.

McClelland, D. C. (1978). Managing motivation to expand human freedom. *American Psychologist, 33,* 101–210.

McClelland, D. C., & Boyatzis, R. E. (1982). Leadership motive pattern and long-term success in management. *Journal of Applied Psychology, 67,* 737–743.

Tymister, H.J., & Wöhler, H. (2012). Encouragement. In E. D. Ferguson (Ed.), *Equality and social interest: A book of lectures from 1988 ICASSI in Greece*, 58–63. Edwardsville, IL: ICASSI.

附录2
# 个体心理学和组织有效性

# INDIVIDUAL PSYCHOLOGY AND ORGANIZATIONAL EFFECTIVENESS

个体心理学的学者们为个人、家庭和课堂的福祉做出贡献，已有70多年了（弗格森，1995年）。但阿德勒理论的学者们为组织机构的福祉做出的贡献，就没那么广为人知了，历史也要短一些，不过其原则和方法的应用，也同样行之有效。工作场所和组织机构中的问题，经常也始自和家庭中、课堂中出现的同样的错误观念、目标和价值观，因此也需要同样的阿德勒式方法来解决这些问题（弗格森，1996年）。

个体心理学建筑在三个基本原则上（弗格森，1995年）：整体主义、行为的目的性和社会性动机。社会性动机即人希望属于一个共同体（包括自己和他人），并为共同体的福利做出贡献。这三项原则既适用于组织的动力，也适用于个人的动力，了解它们如何适用于某个组织，如同了解它们如何适用于某个个人一样重要。整体主义原则应用于一个组织，意味着人需要了解整个群体的动力，而不是专注于某些成员，比如某个特定员工或管理者的动力。整个群体产生组织及其有关问题的动力，比如说对立双方的问题，必须在整个群体的背景下去理解。目的性原则意味着不仅需要理解个人的目标，也需要理解群体的目标。人类有一种基本的社会性动机，希望属于某个组织并为之做贡献，这个原则也对组织有影响。重视成员的社会兴趣，强调成员要关心公共福利，培养成员奉献于公共福利的动机，并增强成员的归属感，这样的组织很可能具有高超的效率和高昂的士气。

无论在组织中还是在家庭和学校生活中，有效的人际关系的基础都是社会兴趣和社会平等。正如德雷克斯（1990年）在他关于社会平等的论著中所写到的，当个人相信自己有尊严和价值时，当他们以相互尊重而相处时，他们通常能够以相对平静的方式来解决分歧。然而，当他们认为一个人或群体具有优等的价值，而另一个人或群体只具有劣等的价值时，不和谐的社会关系就不可避免了。在旨在以非专制的方式行事的现代社会，信奉优等－劣等模式的人们之间的交往，其特点将是冲突和缺乏相互尊重，而冲突的解决办法将是极其有害的（德雷克斯，1972年a，1972年b，1972c）。假如人们之间未能建立起相互尊重，假如互动的个人不认为人生来价值平等，那么无论何时发生人际互动，都会导致公开或隐蔽的紧张关系［林登（Linden）和麦克阿比（McAbee），1995年］。这一原则既适用于个人之间的互动，也适用于群体间的互动。正如试图在以色列的阿拉伯人和犹太人之间建设和平共存关系的Achi Yotam所指出的，同样的平等和相互尊重原则，指导着人类所有生活地区的人际关系（林登和麦克阿比）。

## 横向奋斗对抗纵向奋斗

工作组织在很多不同的方面都有异于其他群体，你如果想确定某个特定群体存在的问题及其解决办法的话，就必须了解每个工作群体独特的特点。然而，各种各样的群体都可以被描述为具有某种特点。例如，工作群体和家庭都可以在不同程度上被描述为是平等主义或者是等级森严的。一般来说，工作组织比家庭有更多的纵向等级和地位上的差别。当然，这也并非不可避免的。一些家庭的垂直模式非常清晰，存在着大量的等级地位和特权，而一些工作组织却是水平组织的，即在同事之间建立起平等的地位和权限。不过，西方社会的典型情况是，工作场所往往比家庭更具有等级性。

工作群体的基本目标也与家庭不同，而且工作群体的单位稳定性也不及家庭。鉴于在工作中，成员经常会离开群体，或者自愿或者不自愿，家庭群体中的成员便往往是相对永久性的。由于有离婚和死亡，有再婚和重组家庭，我们说的“相对”是因为在现代核心家庭中，成员的绝对永久性并不普遍。

与工作群体相比，家庭不仅成员更稳定，而且还有意义更重大的长期性的情感影响——即使不是对群体的所有成员，至少对群体中的年幼者也是如此。情感影响能够给个人带来力量，甚至对有等级的群体中地位低下的人都是如此。当一个工作群体对其成员有高度的情感影响时，这个工作群体就很可能有类似于家庭的特点。于是，在父亲被认为地位最高，而孩子被认为地位最低的不平等家庭里，母亲和孩子经常有力量让“最高”的那个人（或那些人）不舒服，甚至很悲惨。同样，在工作场所，甚至在不平等的等级组织里，当情感影响是工作关系中的特点时，即使地位较低的人（例如秘书）都能对地位较高的人（即管理者）施加巨大的压力。

在工作组织中，一个人的雇用是否能被轻易终结，越来越不能被用于维持等级控制和垂直权力的手段了。因此，需要建设合作关系的新方式。现在组织机构中下级和上级以及管理者之间相互报复的可能性，意味着需要取代惩罚和报复的办法。民主的水平方式会带来不稳定，但也使行动的更大自由和开发人的潜能与才华为组织做贡献成为可能。在一个平等的群体中，每个个人都是重要的，而权力是共享的。每个人的行为都比不平等群体中的人具有更大的影响力。在平等的工作场所，雇员与管理者一起制定指导组织成员的规则。虽然在专制、垂直的组织里，行为准则是由权力最大的人指令的，但在民主和平等的群体里，决策是共同做出的，使得所有成员能够一致同意指导成员作为的准则。

阿德勒理论研究者探索出一套专门的方法，帮助群体以民主的方式运行。在民主的群体里，成员不仅分担责任的重担，而且共享自由的权利，规则并非因其为规则而受到重视，而是作为和平合作和有效贡献的基础而得到珍视。

### 冲突解决和沮丧

沮丧被认为是个体精神病的一种症状（阿德勒，1973年；阿德勒，1961年），同样，士气低落也被认为在不健康的组织中是沮丧的对应物。当个人沮丧时，他们不会付出必要的努力，去寻找解决与自己或他人相关的问题的办法。无论是成人还是儿童，当他们处于令自己感到沮丧的关系中时，他们都或者倾向于服从，或者倾向于支配［格伦瓦尔德（Grunwald），1970年］。同样，当一个组织士气低落时，其成员也不大可能寻找到解决与自己或他人相关的问题的办法。

德雷克斯关注在各类群体中都行之有效的冲突解决办法［德雷克斯、格伦瓦尔德和佩珀（Pepper），1998年］。这些办法能研究出来，是因为他认识到同样的原则存在于所有引发沮丧的关系中。不能解决问题，必然与关系中缺乏相互尊重有关。

建设相互尊重的关系，对于大组织和小组织同样重要，但在大组织中建设更困难一些。当人们认为自己受到重视和尊重时，士气就会高昂，工作输出方面就会出现积极的条件。

商业组织中人际关系观念的批评者们提出，生产力才是这样的组织的关键，只有当友谊或社会关怀形成了组织的基础时，相互尊重才是重要的。为了支持这样的观点，你可以举一些缺乏相互尊重、在恐惧和惩罚的环境中运行的专制的工作组织的例子，比如历史上的奴隶时代总是表明，生产率并不依赖于个人良好的心理状态或者工作群体的士气。然而，在现代社会的工作越来越注重服务和消费者满意度。生产力的这些特点意味着人际关系已成为工作绩效的核心。商业组织越是牵涉服务和消费者满意度，就越需要重视人际关系。从个体心理学的观点来看，工作场所的这些意味表明，必须营造相互尊重的气氛，以确保有效的人际关系。

当相互尊重成为关系的基础时，个体就能够鼓励自己并互相鼓励，而且能确定解决冲突的基本手段。于是他们遇到的问题能够在客观的层面上得到解决。在尊重和信任的气氛中，能够找到解决客观问题的办法。而与之相反的是，当缺乏尊重，或者对个人地位的追求成为冲突基础时，通常的解决问题的技巧就无效了。为了解决客观或技术问题，你需要找到客观或技术的解决办法。同样，为了解决人际关系问题，你需要找到能够处理关键的关系问题的办法。按照个体心理学的观点，需要率先解决的首要的人际关系问题，就是改变那种缺乏相互尊重、人们认为自己受到有损人格或者被用“下贱”手段对待的局面。

你需要首先确定真正的问题，然后才能找到解决问题的办法。解决办法只有在能够应对真正的问题时，才能奏效。假如工人在工作中认为管理者不能倾听工人的建议，那么给工人建一座新食堂就不能解决问题。假如缺乏相互尊重是组织中问题的症结，那解决问题的努力就需要针对怎样能使冲突各方加强对所有成员的尊重这个问题。

阿德勒理论研究者的文章概括了增强相互尊重的步骤。这些办法包含了加强社会兴趣的可以学会的技巧。正如社会兴趣是心理健康所需要的（阿德勒，1973年；阿德勒，1961年；德雷克斯，1957年），社会兴趣也是一个组织保持健康的关键价值。由于社会兴趣强调贡献和创造性地运用才华，而且社会兴趣为相互尊重和合作的关系奠定了基础，正如家庭和课堂都能创造出增强社会兴趣和民主解决问题的技巧那样，任何组织也都能采用这些原则和办法来改善其人际关系。

## 参考文献

Adler, A. (1973). Human values in psychotherapy. In H. H. Mosak (Ed.), *Alfred Adler: His influence on psychology today* (pp. 142–151). Park Ridge, NJ: Noyes Press.

Adler, K. A. (1961). Depression in the light of Individual Psychology. *Journal of Individual Psychology, 17,* 56–67.

Dreikurs, R. (1957). Psychotherapy as correction of faulty social values. *Journal of Individual Psychology, 13,* 150–158.

Dreikurs, R. (1972a). Technology of conflict resolution. *Journal of Individual Psychology, 28,* 203–206.

Dreikurs, R. (1972b). The realization of equality in the home. *Individual Psychologist, 9,* 46–49.

Dreikurs, R. (1972c). Toward a technology of human relationship. *Journal of Individual Psychology, 28,* 127–136.

Dreikurs, R. (1990). *Social equality: The challenge of today*. Chicago: Adler School of Professional Psychology.

Dreikurs, R., Grunwald, B. B., & Pepper, F.C. (1998). *Maintaining sanity in the classroom*. Washington, DC: Taylor & Francis.

Ferguson, E. D, (1995). *Adlerian theory: An introduction.*

Chicago: Adler School of Professional Psychology.

Ferguson, E. D. (1996). Adlerian principles and methods apply to workplace problems. *Individual Psychology, 52,* 268–287.

Linden, G. W., & McAbee, N. L. (Eds.). (1995). *Achi Yotam: A memorial booklet*. Edwardsville, IL: ICASSI.

# WORK RELATIONS AND WORK EFFECTIVENESS: GOAL IDENTIFICATION AND SOCIAL INTEREST CAN BE LEARNED

附录3

# 工作关系和工作效率：目标认同和社会兴趣可以学习

个体心理学适用于人际关系的许多方面。这门学科是将近一个世纪前创立的，但至今仍没有得到充分理解，也不广为人知。不过，在心理学家、心理咨询师和心理学教育者中，了解这一理论的人正在逐渐增多，该理论的方法得到了广泛应用，并已证明意义重大［卡尔森（Carlson）、瓦茨（Watts）和马尼亚奇（Maniacci），2006年；弗格森，1968年，1989年，2000年，2001年］。

虽然个体心理学是作为一种临床的治疗方法而创立的（阿德勒，1927年/1971年），而且这种创新性的治疗方法仍在不断发展［如，鲁道夫·德雷克斯（R. Dreikurs）、莫萨克（Mosak）和舒尔曼（Shulman），1952年；鲁道夫·德雷克斯、舒尔曼和莫萨克，1982年］，但其应用已扩展至人际关系的所有领域（阿德勒，1929年/1969年，1931年/1958年）。从一开始，个体心理学就与社会进程和社会生活息息相关（弗格森，2005年a）。在育儿［鲁道夫·德雷克斯和绍尔茨（Soltz），2005年；弗格森、哈格曼（Hagaman）、格赖斯（Grice）和彭（Peng），2006年］、教育［鲁道夫·德雷克斯、卡塞尔（Cassel）和弗格森，2004年］、家庭咨询［格伦瓦尔德（Grunwald）和麦克阿比（McAbee，1998年）］、家庭治疗［克罗克（Croake）和凯利（Kelly），1985年］、团体治疗和团体咨询［森斯特盖德（Sonstegard）和比特（Bitter），2004年］和艺术疗法［S. 德雷克斯（S. Dreikurs），1995年］等诸多领域，都能看到阿德勒理论研究者的著述。

意义重大的是，工作关系领域因运用阿德勒理论的原则和方法而受益匪浅（弗格森，1996年，1999年，2003年，2005年b，2006年a，2006年b）。阿德勒理论的原则在很多方面都适用于工作场所。实践阿德勒理论的主张会极大地改善人际关系。无论是同事之间还是管理者与员工之间，关系的改善都非常明显。阿德勒理论的基本原则被发现在家庭生活和学校课堂中也行之有效，比如怎样运用鼓励以取代奖惩、怎样了解错误的目标并帮助改正目标等，都被认为非常广泛地改善了工作关系。

### 改正错误的目标

从阿德勒理论的观点看，目标涉及个人奋斗和社会奋斗，有高度的主观性质，应对的是阿德勒理论学者所谓的“私人逻辑”。私人逻辑代表着一个人对人生、自我和他人的核心信念，对一个人的人格有重大影响。这些信念和目标很大程度上是隐含的（全部或者部分上是无意识的），其中包含一个人对自我价值和归属感的认定。

为社会兴趣服务的目标会促进一个人及其所在共同体的福祉，会增强这个人的归属感，激励他为做贡献而奋斗。相反，专注于个人地位的目标（包括维护个人地位的目标和会为自我提升而奋斗的目标）往往会破坏人际关系，被称为“错误目标”（弗格森，2005年a），因为它们旨在通过变得特殊而找到归属感。变得特殊并不会给这个人带来归属感。一个人只有感到和他人平等时，才能找到归属感，而变得特殊代表着不平等。而且，当一个人感觉自己特殊时，他采取的行动很可能会疏远其他人，而不是使关系更亲密。改正错误的目标将有助于个人和共同体。如果没有经过阿德勒理论的训练，就不大容易了解一个人隐含的目标。不过，当你学习了阿德勒的主张后，你就能增强洞察力，能实践新的思维方式和奋斗方式。了解自己的目标，并学习如何向着增长社会兴趣的方向改变这些目标，将有助于改善各种各样的人际关系，包括工作中的关系。

在心理治疗中，目标的理解和目标的重新定向属于一种从纵向奋斗到横向奋斗的转变，从感到自卑从而为优越地位而奋斗，转向感到属于一个共同体从而为共同体的福祉努力做贡献（鲁道夫·德雷克斯，1969年）。阿德勒理论的著述者们已经向人们展示了，当目标重新定向后，病人们变得能感受到自身价值，开始为社会贡献而奋斗［克罗克和迈尔斯（Myers），1985年；约内德斯（Ionedes），1989年；莫萨克，1977年；舒尔曼，1968年］。在学校里，当孩子们的目标从"变得特别"（鲁道夫·德雷克斯，1947年）转变为贡献和合作时，孩子们将受益匪浅，老师们也将因之得福（鲁道夫·德雷克斯等，2004年）。重要的是，课堂气氛和群体士气将得到极大振奋。

在以竞争取胜和极其重视个人主义的文化中，有没有可能在工作环境中培养出合作精神和高度的社会兴趣？答案在某种程度上关乎组织内部的地方文化如何，也在某种程度上鉴于可能获得什么样的外部联盟。在对美国产业工会的作用的一次深刻剖析中，特纳（Turner；2006年）阐述了20世纪中叶力量强大的工会是怎样衰落了下来，但是一些工会又怎样通过创造性地与非产业群体结盟而得以新生。当美国钢铁工人联合会（United Steelworkers）和环保组织山岭俱乐部（Sierra Club）结成了一个切实可行的联盟后，情况便是如此（特纳，2006年）。与有相同价值观和目标的群体结盟，解决问题会更加富有成效，而新关系中的社会兴趣和合作也将呈现出全新的意义。即使在更大的社会具有强烈的竞争性和个人主义倾向时，组织也能够促成群体内和群体间的合作。实际上，以合作为目标和价值观的群体，在应对竞争性挑战时最有效率。能够与其他组织携手合作，也许是组织生存最有效的办法。当权力分享且合作形成后，即使失去了决策控制的群体也能够获益。正如我已经指出的那样，能够形成政治联盟或合并的工会，是能够获得战略优势的（特纳，2006年）。

“横向”奋斗对抗“纵向”奋斗，这个概念在阿德勒理论的研究学者中，最早是由莉迪娅·西歇尔（Lydia Sicher；1955年）提出的。当个人以关系平等为目标，为共同体的福祉而奋斗时，他们就被称为有横向目标。相反，纵向目标是指个人追求特殊，这在大多数情况下意味着优越地位的目标，即一个人为自我扩张，而不是身为其中一部分的共同体的利益而奋斗。从人际目标和组织目标的观点看，横向奋斗对抗纵向奋斗这一概念非常重要。在人际层面，纵向目标的奋斗对个人健康和群体健康都有危害影响。学会如何认清纵向奋斗并学会如何改变，既是可能的也是有益的。令我感兴趣的是，许多年后，特里安迪斯（Triandis）和吉尔方德（Gelfand）也以多少有些类似的方式使用了“垂直”奋斗和“水平”奋斗这样的术语（1998年）。他们的意思是，水平表示平等，垂直表示等级。

**认清不适当的目标**

怎样认清不适当的目标，有以下几条线索：

第一，人际往来是否会导致剧烈的人际冲突或危机？如果会，那么参与者就可能是在为不适当的目标而打交道或解决问题。

第二，一个人有强烈的情绪化反应，是否意味着他在追求不适当的目标？持久的愤怒或忧郁/沮丧，意味着一个人在为不适当的目标而奋斗。

第三，困难是否持续了很长时间？假如你一直在努力解决的问题又延续了任何一段意外的时间，那就意味着参与者的目标是不适当的。

下面按顺序来审视这几点，第一种情况，人际往来导致严重冲突或危机，牵涉其中的各方可能都怀有不可调和的目标，但通过斡旋或许能发现新的相容的目标。比尔兹利（Beardsly）、奎因（Quinn）、比斯瓦斯（Biswas）和威尔肯菲尔德（Wilkenfeld）从非阿德勒理论的观点，描述了不同类型的斡旋（2006年）。这些作者发现，在国际事务中，当和平的解决办法比冲突对所有各方都更为有益时，斡旋就会以各种各样的方式发挥作用。他们描述的斡旋方式有促进、交流、规划（由斡旋者提出的新的解决办法），以及通过一些条款来操作。这些条款包括承担（由继续冲突带来的）损失和（因达成和平的解决办法而）受益。因此，允许斡旋的目标可能是有益的，而要求别人顺从的专制蛮横的目标则可能扩大冲突。

关于第二点，愤怒或强烈沮丧这些情绪，对一个人来说有助于诊断。依照阿德勒的理论，情绪总是以目标为导向的（鲁道夫·德雷克斯，1982年）。愤怒暗示着当事人也许有一种个人权力本位的目标；沮丧或忧郁则是当事人感到失败的一种信号。要知道，除非一个人是在战斗中，否则他是不大可能感到失败的。了解到是什么目标被挫败了，这对消除一个人的紧张情绪——特别是愤怒和忧郁——是有助益的。

当一场冲突或一种困难持续了很长时间，第三点就与环境有关。当冲突或问题旷日持久时，这就意味着问题没有得到正确鉴定。当一个人未能正确识别困难时，他就不可能找到正确的解决办法。当涉及名声和地位时，专注于任务的解决办法可能无法奏效，因为问题不是与任务相关的问题。假如困难牵涉的个人拥有任务定向的目标，而非个人围绕地位或名声定向的目标时，他就能很快找到合意的任务解决办法。一个解决办法如欲奏效，就必须有与优越的地位或名声无关的目标（鲁道夫·德雷克斯、格伦瓦尔德和佩珀，1998年）。越是寻求相互尊重和平等原则，就越可能发现适当的目标和可接受的解决办法。

以下是一个现实生活中的实例。总的来说，大学有由才能、学识相称的人进行管理的工作环境。在本例中，一位系主任领导一个系有很多年了，然而他突然离开了。他离开时没有充分考虑推荐系领导的继任人选。有一个雄心勃勃但却缺乏充分经验的人，自告奋勇要领导这个系。在系成员一致同意下，新人被任命为下一任系主任。由于他并无足够经验，结果出现了权力真空。下属发展了小团体，其中一个小团体出现了专制管理和权力斗争。其他人一提意见就被否决。小团体中的人们追求个人优越，追求权力和名声。小团体外的一些人想伸出援手，进行调解，但上级的管理层却没有提供这样的帮助。终于，不可避免的情况发生了。该小团体中追求个人权力的成员们将他们的手伸出了可以接受的界限。其中一名成员陷入了多个不道德的双重角色关系，其他成员则力主采取被该团体外的其他人认为明显不可理喻的行动。这些人在追求权力的活动越界之后，纷纷离开了，而一批具有合作精神的新人被招进了该系。终于，全系人员和系主任都认识到，社会兴趣是必需的，只有那样全系才能顺畅运行。在冲突期间，系里不同的成员经历了不同的情感。最引人注目的是，一些人沮丧，而另一些人愤怒。当系里足够多的人认识到合作和社会兴趣的必要性后，他们也认清了为个人地位而不是专业地位而奋斗的目标所造成的恶果，于是组织单位中的冲突和空耗被更高的生产力和更高的士气取代了。

当一个工作组织中的成员寻求个人地位（即名声或认可）和

个人权力时，各种各样的其他困难就会产生。当“印象管理”或个人贪欲，而不是效率，成为关键问题时，许多不必要且不公平的障碍和麻烦就会出现。印象管理，即“看上去不错”，是一种自私自利的目标，会导致有害于集体利益的行动。研究表明，尽管这种自私自利的目标会使人设法给别人留下良好的印象，但也会引发其他后果。印象管理者的问题之一是不会给予其他人充分的赞扬，而是竭力要抬高自己并贬低他人。寻求“看上去不错”的另一项后果是印象管理者可能使用欺骗手段，编造不同程度的谎言［魏斯（Weiss）和费尔德曼（Feldman），2006年］。从长远来看，这会导致许多不必要和可避免的混乱。工作中的问题难免会呈现出挑战性，但如果组织的目标是使人们将精力投入到完成任务上，那么将人际关系中的紧张和不安降低到最低程度，就是至关重要的。我们应充分理解指向横向目标的社会兴趣和奋斗，这将极大地有利于个人和集体的福祉。

## 结论

通过关注我们对其他人产生的影响，体察我们发出和收到的信息中的偏颇之处，敏感于我们自己的情绪，我们能学会辨别自己的目标。而且，通过奔向社会兴趣，我们能更快地将奋斗目标从基本的自私自利，改为有益于所有参与者（自己和他人）。认清别人的无效目标，难免比认清自己的要容易。然而，一旦我们将自己的目标定向于关心所有参与者的福利，而不仅仅是自己的福利，在遇到看似无法克服的问题时，我们就会更易于找到创造性的解决办法，也会发现能鼓舞自己找到合适的目标和有效策略的方法。在这一过程中，阿德勒理论是极富价值的。

## 参考文献

Adler, A. (1958). *What life should mean to you*. New York: Putnam Capricorn Books. (Original work published 1931)

Adler, A. (1969). *The science of living*. New York: Anchor Books. (Original work published 1929)

Adler, A. (1971). *Practice and theory of Individual Psychology*. New York: Humanitas Press. (Original work published 1927)

Beardsly, K. C., Quinn, D. M., Biswas, B., & Wilkenfeld, J. (2006). Mediation style and crisis outcomes. *Journal of Conflict Resolution, 50,* 58–86.

Carlson, J., Watts, R. E., & Maniacci, M. (2006). *Adlerian therapy: Theory and practice*. Washington, DC: American

Psychological Association.

Croake, J. W., & Kelly, F. D. (1985). Adlerian family therapy with schizophrenic and depressed patients. *Individual Psychology: Journal of Adlerian Theory, Research & Practice, 41,* 302–312.

Croake, J. W., & Myers, K. (1985). Goal diagnosis in psychiatric consultation. *Individual Psychology: Journal of Adlerian Theory, Research & Practice, 41,* 496–509.

Dreikurs, R. (1947). The four goals of children's misbehavior. *Nervous Child,* 6, 3–11.

Dreikurs, R. (1969). Social interest: The basis of normalcy. *Counseling Psychologist, 1,* 45–48.

Dreikurs, R. (1982). The function of emotions. In R. Dreikurs (Ed.), *Psychodynamics, psychotherapy, and counseling* (pp. 205–217). Chicago: Adler School of Professional Psychology.

Dreikurs, R., Cassel, P., & Ferguson, E. D. (2004). *Discipline without tears: How to reduce conflict and establish cooperation in the classroom* (rev. ed.). Toronto: Wiley.

Dreikurs, R., Grunwald, B. B., & Pepper, F. (1998). *Maintaining sanity in the classroom: Classroom management techniques* (2nd ed.). Philadelphia: Taylor & Francis.

Dreikurs, R., Mosak, H. H., & Shulman, B. H. (1952). Patient-therapist relationship in multiple psychotherapy: I. Its advantages to the therapist. *Psychiatric Quarterly, 26,* 219–227.

Dreikurs, R., Shulman, B. H., & Mosak, H. H. (1982). *Multiple psychotherapy: The use of two therapists with one patient*. Chicago: Adler School of Professional Psychology.

Dreikurs, R., & Soltz, V. (2005). *Children: The challenge*. New York: Penguin/Plume.

Dreikurs, S. (1995). *Cows can be purple*. Chicago: Adler School of Professional Psychology.

Ferguson, E. D. (1968). Adlerian concepts in contemporary psychology: The changing scene. *Journal of Individual Psychology, 24,* 150–156.

Ferguson, E. D. (1989). Adler's motivational theory: An historical perspective on belonging and the fundamental human striving. *Individual Psychology: The Journal of Adlerian Theory, Research & Practice, 45,* 354–361.

Ferguson, E. D. (1996). Adlerian principles and methods apply to workplace problems. *Individual Psychology, 52,* 270–287.

Ferguson, E. D. (1999). Individual Psychology and organizational effectiveness. *The Journal of Individual Psychology, 55*, 109–114.

Ferguson, E. D. (2000). Individual Psychology is ahead of its time. *The Journal of Individual Psychology, 56,* 14–19.

Ferguson, E. D. (2001). Adler and Dreikurs: Cognitive-social dynamic innovators. *The Journal of Individual Psychology, 57,* 324–341.

Ferguson, E. D. (2003). Work relationships, lifestyle, and mutual respect. *The Journal of Individual Psychology, 59,* 501–506.

Ferguson, E. D. (2005a). *Adlerian theory: An introduction*. Chicago: Adler School of Professional Psychology.

Ferguson, E. D. (2005b). The life task of work. In P. Prina, A. Millar, C. Shelley, & K. John (Eds.), *UK Adlerian Year Book 2005* (pp. 175–182). Cambridge, England: Adlerian Society (of the United Kingdom) and the Institute for Individual Psychology.

Ferguson, E. D. (2006a). Adlerian psychology applied to workplace problems. In P. Prina, A. Millar, C. Shelley, & K. John (Eds.), *UK Adlerian Year Book 2006* (pp. 101–109). Cambridge,

England: Adlerian Society (of the United Kingdom) and the Institute for Individual Psychology.

Ferguson, E. D. (2006b). Work relations that enhance well-being of organizations and individuals. *The journal of Individual Psychology, 62,* 80–84.

Ferguson, E. D., Hagaman, J., Grice, J. W., & Peng, K. (2006). From leadership to parenthood: The applicability of leadership styles to parenting styles. *Croup Dynamics: Theory, Research, and Practice, 10,* 43–55.

Grunwald, B. B., & McAbee, H. V. (1998). *Guiding the family: Practical counseling techniques* (2nd ed.). Philadelphia: Taylor & Francis.

lonedes, N. S. (1989). Social interest psychiatry. *Individual Psychology: Journal of Adlerian Theory, Research & Practice, 45,* 416–423.

Mosak, H. H. (1977). *On purpose: Collected papers.* Chicago: Adler School of Professional Psychology.

Shulman, B. (1968). *Essays in schizophrenia.* Baltimore: Williams & Wilkins.

Sicher, L. (1955). Education for freedom. *American Journal of Individual Psychology, 11*, 97–103.

Sonstegard, M. A., & Bitter, J. R. (2004). *Adlerian group counseling and therapy*. New York: Brunner-Routledge.

Triandis, H. C. & Gelfand, M. J. (1998). Converging measurement of horizontal and vertical individualism and collectivism. *Journal of Personality and Social Psychology, 74*, 118–128.

Turner, L. (2006). Globalization and logic of participation: Unions and the politics of coalition building. *Journal of Industrial Relations, 48*, 83–97.

Weiss, B., Feldman, R. S. (2006). Looking good and lying to do it: Deception as an impression management strategy in job interview. *Journal of Applied Social Psychology, 36*, 1070–1086.

# ADLER AND DREIKURS: COGNITIVE-SOCIAL DYNAMIC INNOVATORS

附录 4

# 阿德勒和德雷克斯：认知社会动力的革新者

作者集中介绍了阿尔弗雷德·阿德勒和鲁道夫·德雷克斯独创性和先驱性的工作，包括澄清了德雷克斯是一位临床心理治疗医生和教师。个体心理学的一些方面，将其与其他理论区别开来，作者探讨了一些对21世纪的心理学和社会都很重要的问题。作者论述了德雷克斯对社会平等的强调，是对社会兴趣和群体感这一概念的延伸，阐述了群体和群体过程的重要性，是对整体论概念的延伸，也为理解和改变个人的短期目标和长期目标提供了必要的环境；作者还论述了私人逻辑和鉴别错误的信念和统觉的重要性。

在20世纪最初的几十年，阿德勒和德雷克斯都是精神病医生。尽管他们职业生涯的时间都花在了治疗病人上，但他们的目标都不仅仅是帮助个人，而是为更大的群体服务。此外，他们治疗病人的医学工作，也是以一种教育模式为基础的。他们既是非比寻常的敏感的医师，又是极其高效的教师。在一个新世纪的伊始，阿德勒和德雷克斯在心理学学科的洞察力，仍然在很多方面领先于他们的时代（弗格森，2000年a，2000年b）。遗憾的是，时至今日他们深刻的见解仍未被人们充分地理解。

在帮助病人的过程中，阿德勒和德雷克斯都认识到，需要在更大的人类群体中更广泛地改善人际关系。他们不仅帮助个体病人，而且力求造福于整个人类。他们的理论不仅适用于精神病学及其教育，而且适用于人生所有领域的人际关系，包括家庭关系和工作场所的关系（弗格森，1996年a，1999年b）。这样广阔的幅度，使其得到了广泛运用，又使其在许多场合招致批评。

不仅仅是著作，阿德勒和德雷克斯本人也都受到了批评。作为个人，他们经常被人误解。就阿德勒而言，批评的产生，一部分是因为他的理论在发展演化的过程中出现了重大的自我改变（弗格森，1989年，1999年a），一部分是因为他对自己的理论没有形成系统性的整体概括和汇编。就德雷克斯而言，批评的产生，部分因为他支持了与他所在时代的主流观点和方法相抵触的思想，部分也是因为假如只抽取他的部分作品来研究，会得到错误的结论。如欲充分领会其思想的深度和广度，你必须阅读和观看他的大量作品（包括文字和录像）。德雷克斯的著述涵盖广泛的课题，而要了解他临床处置的精华案例，则须观看他的众多录像带。

阿德勒和德雷克斯都有着很强的个性，但他们也都非常仁慈、友善和宽厚。他们的概念和方法富有真知灼见。这些真知灼见与当时普遍流行的观点形成了反差，而反对这些思想，经常变成了连人带思想一并拒绝。

一些批评言论已经被推翻了。其中一种关于他们的治疗方法是深还是浅的问题。一些自称为“深度心理学家”的人认为阿德勒和德雷克斯的理论和方法太过浅薄，而另一些人，比如认知行为治疗学者，认为他们的理论动态性太强，太过关注内在动机。在本文中，我将论述与这些批评相关的若干问题。

一个人对一项理论的判断，必然前后关联地受到地方主义（Ortgeist）和时代思潮（Zeitgeist）的影响［韦特海默（Wertheimer），2000年］。个体心理学被认为是太过浅薄还是太过动态，部分取决于政治和经济因素而不是科学价值和正确性。政府或私人健康保险公司对精神病治疗的付费，在一些国家取决于治疗多么“深入”，在另一些国家则取决于疗程多么“简短”或专注，注意到这一点是非常重要的。众所周知，保险公司一直推动着一些用于为患者治疗的办法。在一些欧洲国家，保险公司规定，治疗必须表现出“深度”，医疗服务者才能得到保险费，而在北美的一些地区，治疗则必须“简短”。简短的疗法经常要包含行为主义的准则。因此，政治－经济方面的考量能够影响对一个理论的判断。此外，支持精神分析观点的人和支持行为主义观点的人都提出了严肃的理论关切，前者认为他们的理论关切代表着深度，后者则认为其理论关切包括一种科学的（客观的）基础，他们认为太过动态的方法缺乏这种基础。

我们先探讨阿德勒和德雷克斯的思想以哪些重要的方式仍然领先于他们的时代，以及当代心理学在哪些方面越来越趋向于阿德勒和德雷克斯的构想（弗格森，2000年a，2000年b）。随后，我们会更充分地讨论深度从何而来，并将深度疗法与客观行为疗法进行比较。

## 与当代心理学相关的重要概念

**规范价值：社会兴趣和社会平等**。阿德勒和德雷克斯远见卓识的范例之一，是他们创新性的社会认知动机法。在一个机械生物学主导心理学的时代，他们强调社会价值。阿德勒和德雷克斯的社会、人际关系、道德和认知等概念值得称赞。20世纪初，尽管一些实用主义者［如杜威（Dewey），1922年］试图建立一套包含价值的心理学学说，但他们的构想中却未能纳入阿德勒和德雷克斯在他们的著作中所展现的关于精神病理学、个人动力和个性发展的见识。通过独创性和革新性地将社会价值的重要性融入一个关于个性和个人动力的理论，阿德勒和德雷克斯有效地解决了精神病治疗中以及学校、家庭和工作场所中的个人问题。

在经过了长期对社会价值的忽略之后，社会心理学理论家们［比如，费瑟（Feather），1988年，1992年，1995年；克林格尔（Klinger），1992年；施瓦茨（Schwartz），1992年，1997年］逐渐对个体关怀的作用和个人动力及行动中的价值，给予了更多的思考。他们的构想与阿德勒和德雷克斯开创的概念和方法不同，但他们的确代表了当代社会心理学在理论形成方面深受阿德勒和德雷克斯提出的问题的影响。这些现代理论所没有提供的，就是个人价值和群体价值之间的相互影响。尽管阿德勒和德雷克斯认识到社会价值和个体价值之间具有极其重要的相互影响，然而在很大程度上，现代心理学理论仍然没有认识到这种二元性的重要性。

阿德勒很早就认识到社会生活的重要性及其对个体人格发展和个人动力的作用。而且，他认识到个人为集体利益做贡献，是个人健康的必需。德雷克斯将阿德勒的概念延伸至合作需要社会平等。在一部开创性的书中，德雷克斯（1972年/1998年）集中论述了一个事实：心理健康和积极的自尊心，依赖于一个人认为自己与他人是平等的这样的信念。在阿德勒和德雷克斯看来，人的动机与认知表征有着千丝万缕的联系。因为个人价值和价值平等的信念，对个人和群体的健康有着深远的影响。这里有两个关键的动态社会认知因素，一个是认为自己的价值与他人是平等的，另一个是在自尊和尊重他人的基础上为共同体做贡献。这两个因素结合起来，为幸福安康提供了最持久的保障。

阿德勒对信仰、信念和目标结构的强调，为他将其社会心理学观点与个人动机和社会动机关联起来，提供了基础。“社会平等”是“合作”的基础。“社会兴趣”或“集体感”（gemeinschaftsgefühl）不仅仅是一种社会信仰，而且具有深远的治疗价值［亚历山德拉·阿德勒（Alexandra Adler），1973年］。指出社会价值和信念有重要的心理动机效果，是阿德勒的一项重大的先锋性贡献。

德雷克斯将这一领先于当代方法的方法延伸至个体功能和群体功能。《社会平等》（*Social Equality*；德雷克斯，1972年/1998年）一书，被很多人［如约塔姆（Yotam），1995年］奉为个体心理学的最高成就。这仰仗于阿德勒对社会兴趣的关键性的强调。社会平等的概念对个体和对集体有效地解决问题都至关重要，德雷克斯在他的书中提出了广泛适用于人际关系的概念和方法。许多当代理论家仍然支持以自下而上的概念化，解释人类的思想和行动，并假定简单的特定情绪和生理需求为更高级的认知过程和道德过程提供了基础［如霍夫曼（Hoffman），1987年，1990年］。阿德勒和德雷克斯则不同，在大量的社会偏见于婴儿时期已很明显且不可能因特定情绪和需求而减少的情况下，他们强调人类团结压倒一切的重要性（弗格森，1996年b）。

阿德勒和德雷克斯将人们归属和贡献的需求概念化，迄今仍不为当代心理学所欣然理解，这是一种根深蒂固的社会偏见。尽管其他人也讨论人有归属的需求［如鲍迈斯特（Baumeister）和利里（Leary），1995年；迈尔斯（Myers），1996年，2001年］，但他们是就特定关系而言，而不是像阿德勒和德雷克斯概念化的那样将其作为广泛基础上的基本的人类动机。这两位创新者在20世纪初的构想，为价值、信念、动机和情绪的研究提供了独特而完整的方法。

尽管在理论发展过程中，阿德勒起初专注于自卑感，但他明智地理解了作为长期的自尊变量的自卑感，和作为短期与任务相关的变量的自卑感之间的区别（阿尔弗雷德·阿德勒，1927年/1959年，1929年/1969年，1939年；弗格森，1989年，1999年a）。作为与个人有关存在主义和现象学定义的自尊紧密相连的个人构建的自卑感，与基于个人在即时情况下对任务绩效的评估做出临时反应的自卑感之间，差别是非常大的。阿德勒在他后来的著作中，意识到作为自尊变量的自卑感有巨大的病理后果，因此他越来越关注康复所必需的社会平等和人们之间的合作。

当一个人社会兴趣较低时，与个人地位相关的自卑感就会被夸大，而个人的自卑感反过来又会妨碍个人承担为集体利益做贡献的义务。过去几十年，许多受过个体心理学培训的专业人士，在实践阿德勒和德雷克斯的理论时，研究出了很多增强社会兴趣的方法，许多研究也发现了社会兴趣造福于个人和集体的大量方式。在阿德勒和德雷克斯提出最初的构想几十年后，他们获得了来自实践经验的广泛支持［克恩（Kern）、杰弗洛尔（Gfroerer）、萨莫斯（Summers）、科莱特（Curlette）和马西尼（Matheny），1996年；克恩、惠勒（Wheeler）和科莱特，1993；沃特金斯（Watkins），1994年；惠勒、克恩和科莱特，1994年］。尽管这些构想起源于60多年前临床治疗和教学咨询的案例研究，但是近年来已得到了大量关于一般规律的研究的支持。尽管越来越多的证据表明，在社会平等基础上的归属感与为集体做贡献的努力相结合，具有有益于健康的效果和潜能，但阿德勒和德雷克斯的这一研究和这些构想，仍然不为主流心理学广泛了解。

**群体过程和个人动力**。阿德勒和德雷克斯的先驱性，不仅表现在他们关注整体论，将其作为一项心理动力原则，而且表现在他们的社会整体观念。虽然阿德勒以功能整体地强调个人而著称（弗格森，1999年a），但是他，以及更大程度上的德雷克斯，都不仅关注个人的整体主义，也关注群体生活的整体性质（弗格森，1999年b）。群体动力对家庭生活、学校教室和工作场所的人际关系均有影响（弗格森，1996年a）。个人是社会动力这一整体的一部分。孩子的人格是作为他家庭动力的功能发展的，而集体生活则是与个人贯穿他一生的动力错综复杂地缠绕在一起的。尽管阿德勒的许多著述都专注于个人的整体主义，但他最强调的还是个人行动、思想和情感的社会背景。

德雷克斯在将阿德勒开创的思想继续推进时，在理论和方法上都做了详细的阐述，使得社会整体论的意味变得更为清楚。例如，在向学校和教师们推荐领导力行为时，德雷克斯［德雷克斯和卡塞尔（Cassel），1972年/1999年；德雷克斯、格伦瓦尔德（Grunwald）和佩珀（Pepper），1998年］强调了集体在塑造个人行为和情感方面的力量，他也同样强调每个人都对集体的动力具有潜在的影响。同样，在婚姻中，个人行为与作为社会单位的夫妻的动力错综复杂地缠绕在一起（德雷克斯，1946年/1999年）。在人格心理学的领域里，社会整体论仍然鲜为人知，阿德勒和德雷克斯远远地超越了他们的时代。

阿德勒关于出生顺序的学说经常遭到误解。在阿德勒看来，出生顺序并不是人格的静止决定因素，而是作为家庭星座动力的一部分在起作用。家庭星座是出生顺序获取其意义、发挥其作用的动态环境［格伦瓦尔德和麦克阿比（McAbee），1999年］，而其在概念化时往往遭到很糟糕的诠释。一些推行进化心理学观点的当代作者［如萨洛韦（Sulloway），1999年］，正在趋近于阿德勒和德雷克斯的社会动态构想，他们认为手足关系的作用是一种动态变量，而不仅仅是出生顺序的一种静态特征，但他们没有注意到整个家庭星座在影响家庭中每个孩子人格发展过程之前后关联的社会整体论。进化心理学家强调对资源的竞争，因此他们未能阐述家庭价值观和家庭动力、合作选择与竞争抗衡的作用，以及家庭成员赋予家庭互动的现象学意义。从阿德勒理论的观点来看，手足之间的竞争并非一种物种特征，因为手足结盟也是可能的。竞争和结盟都是整个家庭星座的功能，每个家庭各自不同，并且因目标和价值观的变化而改变。

**功能主义、适应和目标导向。**阿德勒和德雷克斯在确定目标导向是思想、行动和情感的基础方面，具有先锋作用。其他理论家都没有像阿德勒和德雷克斯那样以概念化的方式，阐述目标导向的过程和后果。一些当代心理学者在思考行动和情感的功能方面趋近于目的思想。在思想、行动和情感的适应功能性质被忽视了几十年之后，当代心理学的这一发展是引人注目的。进化心理学理论的兴起［艾布尔-艾贝斯费尔特（Eibl-Eibesfeldt），1989年；埃克曼（Ekman）和戴维森（Davidson），1994年；奥曼（Ohman），1986年]，推动了对行为和思想的适应和功能的思考，在情感研究中，一种功能观念也在普及发展[克尔特纳（Keltner）和格罗斯（Gross），1999年；克尔特纳和海特（Haidt），1999年]。然而，阿德勒在私人逻辑方面的建树没有得到承认，相反，个人目标却在社会心理学、动态、人格理论的框架中得到了确认，进化心理学家的理论专注于生物学思考而不是个性化关怀[如利文森（Levenson），1992年；内瑟（Nesse），1990年]。进化观点不考虑现象的、个人的动力，与阿德勒的构想中概念化的目标导向方式明显不同。在阿德勒和德雷克斯看来，目标有社会意义，并且与个人的归属感有关。它们是目标，而不是财产（资源）。

当代进化心理学理论家与阿德勒和德雷克斯的构想趋同的地方是，他们都关心全部有机体的适应问题。这些当代作者强调生物问题和生态问题，改善了过去几十年对机械论和内在个人主义的重视。然而，他们关心物种特征，却忽视个人动态过程，因而没有认识到阿德勒理论中引以为基础的现象学特征和社会心理学特征。与物种生存功能相比，进化心理学家们在重要性方面至多将阿德勒理论的这些特征列为第二位。

由于进化心理学家强调资源和物种特征中的物种生存效益，整体论和某个具体个人个体化的现象目标结构，就不在他们进化关怀的考虑范围之内了。一些进化心理学作者重视人类的社会结构，符合阿德勒和德雷克斯的思想，但不能归属于阿德勒理论；这些进化心理学作家仍然关注物种的功能和适应［如克尔特纳和波特格尔（Potegal），1997年］，但不是阿德勒和德雷克斯所阐述的个人和群体的功能主义。后者关注现象学的个人目标，这是在家庭星座中早期学习的基础上发展而成的目标。因此，进化心理学近年来明显的趋势是错失了阿德勒和德雷克斯的著作所提供的洞察力，没有领会个人目形成的方式和目标会如何影响一个人一生的历程。当代著述中对人格发展没有在客观形成的目标方面进行动态的描述，而客观形成的目标之意义仍在于其社会影响，就此而言阿德勒和德雷克斯的创新仍然领先于他们的时代。

**民主的人际关系。**在大量的著述中，阿德勒（1932年，1939年）和德雷克斯［1969年；德雷克斯和格雷（Grey），1992年］阐述了他们所说的“民主的人际关系”。他们写道：尊重个人必须与尊重个人之间的互动所发生的集体和共同体结合起来。民主的人际关系使得相互尊重能够转化为既造福于个人也有益于集体的行动。民主的人际关系要求有可尽共同责任的保证，以推动个人和集体的福利。德雷克斯和他的学生们论述了有助于建立和维护民主的人际关系的互动的具体模式（德雷克斯等，1998年）。这些方法有益于所有参与成员，一些当代的专业人士也在解决民主问题时倡导同样的方法［如斯通（Stone）、巴顿（Patton）和黑内（Heen），1999年］。

虽然不少专业人士已开始理解和接受德雷克斯许多著述［1946年/1999年；德雷克斯和格雷，1992年；德雷克斯和绍尔茨（Soltz），1964年/1999年］中所强调的基本原则，但更广大的社会群体还没有这样做。人们还没有普遍地认识到，有秩序的自由是有效人际关系的基础，而没有秩序的自由或者没有自由的秩序会损害个人和社会的精神健康。正如大众媒体所显著报道的，在教育、家庭生活、工作组织和政府政策领域从事工作的专业人士，越来越多地倡导符合阿德勒思想的改变。然而，在更广大的社会生活的许多方面，阿德勒理论仍然是缺失的。

许多教育工作者仍然不能理解孩子行为的动机和目标，许多父母也仍然会做出破坏家庭生活、妨碍孩子成长和幸福的举动。曾有许多新闻报道揭示过学校人员和父母们的一些行为，表现出专制管制的无效和自由放任的紊乱。许多工作组织仍未采用能够促成民主的人际关系的共同决策机制。各行各业的人仍然不会去问："我能做些什么，来改善这个集体的福利？”或者：“我能从事情中，包括我自己的错误中，充分地汲取什么经验教训？”相反，他们会寻求将缺陷和失望归咎于外部因素。

**短期目标和长期目标。**德雷克斯的观点曾受到过攻击［特尔纳（Terner）和皮尤（Pew），1978年］。批评者认为他的方法是肤浅的。他们说他错误地专注于短期目标和行为，而不是首要地或者专门地关注长期目标和情感。然而，说德雷克斯没有认识到长期目标的积极性，或是说他极度轻视病人情感的重要性，都是错误的。在精神病治疗中，当接待成年病人时，他总是试图影响病人的长期目标，从最初的问诊起，他就着手解决生活风格问题。他在治疗工作中，专注于帮助病人改变生活方式，帮助病人认识到为什么他在人际关系和症状中的困难是和生活方式相关的。而且，在治疗过程中，德雷克斯显然很注意病人的情绪，不断帮助病人了解情绪的目的（德雷克斯，1967年）。

就孩子的即时情况而言，德雷克斯认为儿童的目标是可塑的（德雷克斯等，1998年）。他指出大约10岁之前，儿童的目标是根据成年人（如父母和老师）在孩子的直接生活环境中施加的影响定位的。当直接环境发生变化时，也会促使孩子的目标发生变化。对于10岁以上的孩子，关于生活和自我的基本信念，在经过培训的成年人适当的干涉下，仍然可以相对地改变。德雷克斯在为孩子治疗时，德雷克斯（1947年）专注于四个错误目标［也见德雷克斯和卡塞尔，1972年/1999年；德雷克斯等，1998年；德雷克斯和绍尔茨，1964年/1999年］。

孩子目标的可塑性，使得父母、老师和心理咨询师能够制造长期的治疗影响。孩子短期目标的变化可以很容易地看到。在家里，孩子可能与父母中的一方角力（拥有力量目标），而与父母中另一方则以报复为目标。对于学校里的教师，孩子的目标有时可能是力量，但有时也可能是引起注意。短期目标可以因为有影响力的成人具有恢复性或者破坏性的行动而改变。因为恢复性治疗对年龄小于11岁的孩子较容易产生效果，在某些情况下，有益的变化能够融入孩子的生活风格中，给他的长期目标带来变化。这一点在德雷克斯和他的学生为父母和教师写的书中非常突出（德雷克斯等，1998年；格林瓦尔德和麦克阿比，1999年）。尽管一个人的生活风格是在4～6岁时发展形成的（阿德勒，1927年/1959年，1929年/1969年），但当孩子已过了学龄前的关键年龄，生活风格已初步形成之后，幼小的孩子仍可得到长期有益的帮助。

德雷克斯关心病人目标的改变，无论是成年人还是孩子，反映了他坚信通过这样的改变，病人将得到好转，既在于病症的解除，也在于更有效地行动（德雷克斯，1960年）。当一个人意识到目标代表着选择时，就会产生一种力量感，而当个人逐渐认识到是他本人做出选择和设定目标时，自信心就会增长。一些在不同理论框架内工作的当代心理学者，已经展示了目标在塑造人处理生活问题的方法方面的强大力量［德韦克（Dweck），1992年］。德雷克斯将个人目标普遍存在的后果概念化，以各种研究间接提供了充分的支持。德雷克斯专注于认知和目标，既包括短期目标也包括长期目标，因为他认识到它们对个人动机的深远影响。

**特定的目标能导致大量不同的行为。**阿德勒和德雷克斯在专注于目标方面，不同于现代的行为疗法专家们，因为在任何特定的目标范围内，都有可能产生大量不同的行为。尽管在阿德勒和德雷克斯看来，行为在理解私人逻辑和人格动力方面非常重要，但他们仍强调需要改变目标，而不仅仅是改变行为。在同样的目标下，一个人既可能消极，也可能积极。一个人可能魅力十足，也可能令人厌烦，但仍可能以吸引注意力为目标（德雷克斯等，1998年）。如果你想帮助病人采取符合社会道德标准的行为，那么基于社会兴趣的符合社会道德标准的目标就是转变的基础。德雷克斯强调“目标改变”，与行为疗法专家的“行为改变”是有区别的［巴洛

(Barlow)，1993年]。

正如短期目标不同于长期目标一样，改变目标不同于改变行为。德雷克斯重视“目标”而不仅仅是“行为”的重要性，在他（德雷克斯，1947年；德雷克斯等，1998年）讨论孩子的错误目标时非常明显。孩子的目标之所以被称为“错误”，是因为他们寻求特殊的位置，而不是归属于一个集体，并作为其中平等的一员而做出贡献。因此，尽管当孩子采取有用而非无用或者恼人的行为以吸引人注意的目标并不那么令人不安，但从孩子心理健康的角度来看，争取特殊并不是成人应当培养的目标。源自做贡献之目标的有益于社会的行为，不仅有更积极的行为素质，而且当为做贡献而产生积极的行为，若不是欲吸引别人的注意力时，孩子就不会太脆弱，不容易气馁和沮丧。外显的行为差异也许是微妙的，但其后的动机和动力，却显而易见且不容小觑。

## 作为教师的德雷克斯

正如以精神分析为方向的专业人士认为阿德勒的研究工作太过肤浅和简单[沃森（Watson)，1963年，第457页]一样，德雷克斯也受到了这样的批评，甚至一些阿德勒理论的专业人士也认为他在方法和概念上的革新，是远离深度而趋向肤浅。他研究出一些对病人和学生进行教诲的方法，因为他认为这些对学习是很重要的。他致力于使个体心理学能为人们所理解，能够提供人们能容易接受的方法（特尔纳和皮尤，1978年）。简化对他来说是要使人们能够理解，而不是抛弃深刻意义。

德雷克斯的著作需要根据他所工作的环境来理解。作为教师，他专注于帮助心理咨询师和其他教师成为高效的专业人士，他在教学中与他为病人提供一对一的治疗时的风格，是截然不同的。任何见过德雷克斯作为教师的人，都知道他在交流中力求清楚。在他当着一位专业人士的面接受病人的心理咨询时，他一方面寻求了解病人的私人逻辑，一方面也力图展示良好的咨询服务技巧是可以习得的。他有时严肃有力，但有时也非常和善、体贴入微。治疗病人时，咨询师需要寻找许多交流方式，这时他能够做到既展现魅力，又直截了当。

德雷克斯在教学中，总是很注意要让他传递的信息清楚地得到理解，他是一位优秀的教师［比特（Bitter），1997年］。在他生前，他的观点和阿德勒的观点至多被视为新奇，而且在很多人看来，他们的观点甚至很怪异。他在世时，弗洛伊德的思想一直主导着专业人士，而民间文化信仰则主宰着外行平民（因为那时普通百姓的心理学知识仍然相当少）。因此，当德雷克斯举办讲座和进行展示时，有很多人反对他的观点。但他坚信个体心理学在民众的生活中必不可少，无论对个人还是对社会都是如此，因此他认为让他的听众清楚地理解他的概念和方法，是至关重要的。

当培训专业人员时，他认为他教导的人有帮助病人的责任，因此他在教学中可能更像一个严厉的工头。但是，他的目标总是很清楚的：帮助人。在履行教师的职责时，他非常努力地与人沟通他思想的内容，但同样，当他作为一名精神病医师与深度沮丧的病人打交道时，他又极力给病人以支持和鼓励。他和阿德勒都认为治疗是一个教育过程。不过，德雷克斯在临床治疗时，与他在正式讲课或做示范时，风格是大为不同的。

在考察德雷克斯的交流风格时，要知道形势的差别是非常重要的。他认为认知和目标是给病人带来见识的关键，但他知道要让病人做出改变，这些还远远不够。他给病人以鼓励和情感支持，与病人建立信任。他的病人经常是慕他作为一位出色的心理医师之名远道而来。德雷克斯根据形势的要求来与病人打交道。当他们需要鼓励、支持和悉心的倾听时，他就是一位极其敏感和善于提供帮助的精神病医师。

## 鼓励、沮丧和预防病态

那些认为德雷克斯的治疗风格偏于认知，对病人情感不够注意的人，是没有领会他的教育观点。他着手处理病人的信仰问题，是因为他知道错误的信仰会阻止一个人按社会道德准则行事，但他这样做，并不意味着他不给予病人情感上的支持和同情。在临床实践中，他是一位热情而富有同情心的精神病医师。

德雷克斯和阿德勒看法一致，精神机能障碍就代表着沮丧，他总是很关切一个人沮丧和受鼓舞的程度。沮丧可能源自错乱的认知，在弗洛伊德观点盛行、强调性欲驱动的时代，德雷克斯或许在认知心理疗法的实践、研究和教学中，可称为一位勇敢的先驱者。而且，他认识到沮丧有可能由病态的生活环境引起。在社会服务定向下，对于需要在令人衰弱的环境中做出改变的病人，他经常是慷慨无限地给予病人们他所能给予的一切帮助。

在鼓励这个课题上，德雷克斯和他的学生们有大量富有洞察力的著述［丁克迈耶（Dinkmeyer）和德雷克斯，1963年/2000年］，而且由于他的影响，很多其他人也接受了他的观点，不少人在这个论题上也有广泛的著述［如埃文斯（Evans），1989年，1996年］。德雷克斯在进行心理咨询和心理治疗时，以及与家庭和教育工作者们座谈时，都广泛地使用了鼓励的办法。

尽管德雷克斯是认知心理疗法的一位先驱，但他的著述在很多重要方面，都与那些被普遍认为是认知心理疗法大师的人们［如贝克（Beck）和格林伯格（Greenberg），1996年］有所不同。他关注社会兴趣和目标，这并非今天认知心理疗法的规程。而且，与现代行为治疗医师或现代认知行为治疗医师不同的是，德雷克斯既关注病人即时的生活情形，又关注其人格的生活模式。

与行为心理治疗学家一致的是，德雷克斯也认识到即时的生活环境对病人是至关重要的，但他总是将直接环境与基本的生活模式联系起来，就像阿德勒一样。对生活风格的洞察，为理解人的私人逻辑、情感和直接环境中的目标，赋予了新的意义。即使即时目标总是与个人的生活风格相一致，德雷克斯也仍倡导需要考虑许多其他个人的、社会的和文化的变量。德雷克斯和阿德勒都认识到，早在他们的时代之前，个人的运作就总是直接环境和生活风格共同的产物，私人逻辑作为一个人主观统觉和属性的一部分，对于人的行为、思想和情感，发挥着主要的动态作用。阿德勒和德雷克斯关注人自童年早期就存在的动态生活模式，但他们又是围绕此时此刻的问题及其解决方法去做的。

阿德勒和德雷克斯都是变革的推动者，他们试图改善尽可能多的人的生活质量。他们将很大的精力投入“预防”中。父母教育成为他们著述的主要目标，因为假如全世界的人都知道如何鼓励孩子而不是给孩子泄气，学会如何帮助孩子建立归属感，训练孩子为集体的福利做贡献，就能培养出健康的孩子，随之也就能形成一个健康的社会。阿德勒和德雷克斯倡导教育公众怎样预防错误的生活方式，这将极大地减少“治疗”需求。良好的预防实践将有助于降低治疗性干预的必要性。

尽管阿德勒和德雷克斯部分上因其教育模式和预防模式而被错误地指责为肤浅，但毫无疑问他们受到攻击还有着其他因素。不过，一个人是否认为阿德勒和德雷克斯的著作肤浅，事关一个重要问题，就是“深度”究竟意味着什么。

### “深度”意味着什么?

从精神分析的观点看，意识和思维、目标或情感的有意识过程，代表着表面的动态，与之相反的是，无意识的过程涉及的是深度。弗洛伊德的构想（弗洛伊德，1901年/1960年，1920年/1975年）为这种划分标准提供了基础。然而，今天所知的一切都证明了这种两分法的错误。当代的研究［马塞尔（Marcel）和比夏克（Bisiach），1993年］越来越支持阿德勒的概念化构想，强调使用像“没有觉察”或“非意识”而非“无意识”这样的术语。阿德勒指出，人类的很多知识、信仰、思想、情感，甚至行为，都是非意识的，但是只因为它们在特定时刻并未被觉察，并不意味着它们在其他时刻也不被觉察。

觉察也受生理限制的影响。许多生理过程是无法在意识中获得的。神经反馈回路的缺失，或者其他神经系统的缺陷，都能造成某种生理过程无法到达自觉意识（例如巴甫洛夫实验室所做的某些内感受条件作用实验），许多类型的脑功能都只能通过间接的方法从感官上得以体验。

人类很多长期记忆没有动态性，是因为其与情感特征或动机特征没有太大关系。认知心理学家研究的很多现象，都涉及学习策略和个人没有觉察的过程。这在个人差异发挥的作用微乎其微时，是很正常的。例如，在认词实验中极快（5或10毫秒）但是反复地展现词语，能使人在许多次重复后正确地说出词语的名称，即使刺激的持续时间之短令人无法在首次展示词语时就说出正确名称，参加实验的人也根本无法解释为什么突然就能清楚地认识这个词（弗格森，1992年，1993年）。在知觉上被遮盖或弱化而且不能被自觉辨认的词语，能够对表现产生后续影响，词语和图画对后来展现的词语或图画有激发效应（对于认知或词汇判断的更快的潜伏期），许多种类的记忆提取都是在没有清晰觉察或者无法觉察的情况下发生的［见马塞尔和比夏克，1993年，评论部分；瑞文苏（Revonsuo）和坎皮宁（Kamppinen），1994年；沙克特（Schacter），1987年］。

因此，无数在意识之外发生的心理现象都可以被称为“深”，但是通常这并不是深度的意思。在心理动力学领域，深度这个名称往往是留给对特定个人来说有重大个人意义的个体化的无觉察的体验的。获得这些体验的概率通常较低。根据这一定义，对一个人的生活风格的展示是非常有深度的。这是高度个体化的，人不知道他对自我和生活的基本设想，不知道他的人生目标，对于童年早期生活风格在他的家庭星座中是怎样发展也是毫无觉察。然而不到三小时的诊断晤谈仍能揭示一个人的生活风格，正如德雷克斯和他培训的人所做的那样，而作为结果的洞察力所产生的影响是深远的。从这样的揭示所获得的理解，能够使许多记忆可以被提取，也能在极短的时间内给大量各种思想、行动和情感赋予意义。因此，理解或洞察力的可获取性和速度并不一定是判断深刻还是肤浅的标准。其他判断标准显然也很重要。

德雷克斯和阿德勒指出，一个人为人处世的方式，会在核心信仰确定后发生重大变化，因为核心信仰是许多其他信仰的基础。当一个人了解了生活风格及其与直接目标的关系，而且审视了这些与社会兴趣的关系后，这样的理解就会有长期而广阔的影响。当一个人明白了他是如何在生活中寻找自己的位置，以及这一过程是如何影响到当前的问题和运作方式时，这样的认识就会产生深刻的理解，并使这个人做出深远的变化。仅仅在钻研意识之外（潜意识）的过程，不可能带来这样深远的变化。根据这样的判断标准定义深度，不可能给深受折磨的精神病患者带来多少宽慰，也不可能给处于破坏性关系的人带来健康的生活改变。

如果非意识的幻想、思索或情感不与目标和社会兴趣以及寻找自身定位结合起来，这个人就不可能在求索方式上受益。这样的例子并不罕见，广泛接触大量被精神分析治疗医师确定为“无意识”的材料的人，之后仍会继续维持其病态的和破坏性的思想、情感和行为。因为这些人既没有意识到这些模式的目的，也没有受到增强其社会兴趣的引导。阿德勒和德雷克斯的认知－社会人格理论和方法，与行为心理学方法大为不同，而且就广泛而长期地产生健康效应这一判断标准来看，他们的理论和方法其实是很深刻的。

## 注

本文根据1999年11月应邀参加瑞士苏黎世“阿尔弗雷德·阿德勒学会”(Alfred Adler Institute)会议时提交的论文改编而成。

## 参考文献

Adler, Alexandra. (1973). Human values in psychotherapy. In H. H. Mosak (Ed.), *Alfred Adler: His influence on psychology today* (pp. 142–151). Park Ridge, NJ: Noyes Press.

Adler, Alfred. (1932). *What life should mean to you*. London: Allen & Unwin.

Adler, Alfred. (1939). *Social interest: A challenge to mankind*. New York: Putnam.

Adler, Alfred. (1959). *Understanding human nature*. Greenwich, CN: Fawcet. (Original work published 1927)

Adler, Alfred. (1969). *The science of living*. New York: Anchor Books. (Original work published 1929)

Barlow, D. H. (Ed.). (1993). *Clinical handbook of psychological disorders: A step-by-step treatment manual* (2nd ed.). New York: Guilford Press.

Baumeister, R. F., & Leary, M. R. (1995). The need to belong: Desire for interpersonal attachments as a fundamental human motivation. *Psychological Bulletin, 117,* 497–529.

Beck, A. T., & Greenberg, R. L. (1996). Brief cognitive therapies. In J. E. Groves (Ed.), *Essential papers on short-term dynamic therapy* (pp. 230–247). New York: New York University Press.

Bitter, J. R. (1997). Dreikurs in 1997: A posthumous contribution. *Individual Psychology, 53,* 119–121.

Dewey, J. (1922). *Human nature and conduct*. New York: Henry Holt.

Dinkmeyer, D., & Dreikurs, R. (2000). *Encouraging children to learn: The encouragement process*. Englewood Cliffs, NJ: Prentice-Hall. (Original work published 1963)

Dreikurs, R. (1947). The four goals of the maladjusted child. *Nervous Child, 6,* 321–328.

Dreikurs, R. (1960). *Group psychotherapy and group approaches: Collected papers*. Chicago: Adler School.

Dreikurs, R. (1967). The function of emotions. In R. Dreikurs (Ed.), *Psychodynamics, psychotherapy, and counseling* (pp. 205–217). Chicago: Adler School.

Dreikurs, R. (1969). Learning to live together in a democracy. *Canadian Counsellor, 3*, 4–9.

Dreikurs, R. (1998). *Social equality: The challenge of our time*. Chicago: Adler School. (Original work published 1972)

Dreikurs, R. (1999). *The challenge of marriage*. Philadelphia: Taylor & Francis. (Original work published 1946)

Dreikurs, R., & Cassel, P. (1999). *Discipline without tears*. New York: Penguin-NAL. (Original work published 1972)

Dreikurs, R., & Grey, L. (1992). *Logical consequences: A new approach to discipline*. New York: Penguin. (Original work published 1968)

Dreikurs, R., Grunwald, B. B., & Pepper, F. C. (1998). *Maintaining sanity in the classroom: Classroom management techniques* (2nd ed.). Philadelphia: Taylor & Francis.

Dreikurs, R., & Soltz, V. (1999). *Children: The challenge*. New York: Penguin. (Original work published 1964)

Dweck, C. S. (1992). The study of goals in psychology. *Psychological Sciences, 3*, 165–167.

Eibl-Eibesfeldt, I. (1989). *Human ethology*. New York:

Aldine de Cruyter Press.

Ekman, P., & Davidson, R. J. (Eds.). (1994). *The nature of emotion: Fundamental questions*. New York: Oxford University Press.

Evans, T. D. (1989). *The art of encouragement*. Athens: University of Georgia.

Evans, T. D. (1996). Encouragement: The key to reforming classrooms. *Educational Leadership, 54*, 81–85.

Feather, N. T. (1988). From values to actions: Recent applications of the expectancy-value model. *Australian Journal of Psychology, 40,* 105–124.

Feather, N. T. (1992). Values, valences, expectations, and actions. *Journal of Social Issues, 48,* 109–124.

Feather, N. T. (1995). Values, valences, and choice: The influence of values on the perceived attractiveness and choice of alternatives. *Journal of Personality and Social Psychology, 68,* 1135–1151.

Ferguson, E. D. (1989). Adler's motivational theory: An historical perspective on belonging and the fundamental human striving. *Individual Psychology, 45,* 354–361.

Ferguson, E. D. (1992). Motivational influences on word recognition: III. Parafoveal processing differs from foveal processing. *Bulletin of the Psychonomic Society, 30*, 47–50.

Ferguson, E. D. (1993). Motivational influences on word recognition: IV. Cortical magnification does not explain parafoveal versus foveal differences. *Bulletin of the Psychonomic Society, 31*, 602–604.

Ferguson, E. D. (1996a). Adlerian principles and methods apply to workplace problems. *Individual Psychology, 52*, 270–287.

Ferguson, E. D. (1996b). *Social interest and social equality.* Paper presented at the 20th Congress of the International Association of Individual Psychology, Oxford, England.

Ferguson, E. D. (1999a). *Adlerian theory: An introduction.* Chicago: Adler School.

Ferguson, E. D. (1999b). Individual Psychology and organizational effectiveness. *The Journal of Individual Psychology, 55*, 109–114.

Ferguson, E. D. (2000a). Individual Psychology is ahead of its time. *The Journal of Individual Psychology, 56*, 14–19.

Ferguson, E. D. (2000b). *Motivation: A biosocial and cognitive integration of motivation and emotion*. New York: Oxford University Press.

Freud, S. (1960). *The psychopathology of everyday life* (Vol. 6.). London: Hogarth Press. (Original work published 1901)

Freud, S. (1975). *Beyond the pleasure principle*. New York: Norton. (Original work published 1920)

Grunwald, B. B., & McAbee, H. V. (1999). *Guiding the family: Practical counseling techniques* (2nd ed.). Philadelphia: Taylor & Francis.

Hoffman, M. L. (1987). The contribution of empathy to justice and moral judgment. In N. Eisenberg & J. Strayer (Eds.), *Empathy and its development* (pp. 47–80). New York: Cambridge University Press.

Hoffman, M. L. (1990). Empathy and justice motivation. *Motivation and Emotion, 4*, 151–172.

Keltner, D., & Gross, J. J. (1999). Functional accounts of emotion. *Cognition and Emotion, 13*, 467–480.

Keltner, D., & Haidt, J. (1999). Social functions of emotions at four levels of analysis. *Cognition and Emotion, 13*,

505–521.

Keltner, D., & Potegal, M. (1997). Appeasement and reconciliation: Introduction to an *Aggressive Behavior* special issue. *Aggressive Behavior, 23,* 309–314.

Kern, R., Gfroerer, K., Summers, Y., Curlette, W., & Matheny, K. (1996). Life-style, personality, and stress coping. *Individual Psychology, 52,* 42–53.

Kern, R., Wheeler, M., & Curlette, W. (1993). *BASIS-A interpretive manual*. Highlands, NC: TRT.

Klinger, E. (1992). Motivation and imagination. *Psychologische Beitrage, 34,* 127–142.

Levenson, R. W. (1992). Autonomic nervous system differences among emotions. *Psychological Science, 3,* 23–27.

Marcel, A. J. & Bisiach, E. (Eds.). (1993). *Consciousness in contemporary science*. New York: Oxford University Press.

Myers, D. G. (1996). *Social psychology* (5th ed.) New York: McGraw-Hill.

Myers, D. G. (2001). *Psychology* (6th ed.) New York: Worth.

Nesse, R. M. (1990). Evolutionary explanations of

emotions. *Human Nature, 1,* 261–289.

Ohman, A. (1986). Face the beast and fear the face: Animal and social fears as prototypes for evolutionary analysis of emotion. *Psychophysiology, 23,* 123–145.

Revonsuo, A., & Kamppinen, M. (Eds.). (1994). *Consciousness in philosophy and cognitive neuroscience.* Hillsdale, NJ: Erlbaum.

Schacter, D. L. (1987). Implicit memory: History and current status. *Journal of Experimental Psychology: Learning, memory, and Cognition, 13,* 501–518.

Schwartz, S. H. (1992). Universals in the content and structure of values: Theoretical advances and empirical tests in 20 countries. In M. P. Zanna (Ed.), *Advances in experimental social psychology* (Vol. 25, 1–65). New York: Academic Press.

Schwartz, S. H. (1997). Values and culture. In D. Munro, S. Carr, & J. Schumaker (Eds.), *Motivation and culture* (pp. 69–84). New York: Routledge.

Stone, D., Patton, B., & Heen, S. (1999). *Difficult conversations: How to discuss what matters most.* New York: Viking.

Sulloway, F. J. (1999). Birth order. In A. M. Runco & S. R. Pritzker (Eds.), *Encyclopedia of Creativity* (Vol. 1, 189–202). San Diego, CA: Academic Press.

Terner, J., & Pew, W. L. (1978). *The courage to be imperfect: The life and work of Rudolf Dreikurs*. New York: Hawthorn.

Watkins, C. E., Jr. (1994). Measuring social interest. *Individual Psychology, 50,* 69–96.

Watson, R. I. (1963). *The great psychologists: From Aristotle to Freud*. Philadelphia: Lippincott.

Wertheimer, M. (2000). *A brief history of psychology* (4th ed.). New York: Harcourt Brace.

Wheeler, M., Kern, R., & Curlette, W. (1994). *BASIS-A inventory*. Highlands, NC: TRT.

Yotam, A. (1995). Social equality. In E. D. Ferguson (Ed.), *Equality and social interest: A book of lectures from 1988 ICASSI in Greece* (1–4). Chicago: Adler School.

**图书在版编目（CIP）数据**

阿德勒理论导读 / [美] 伊娃 · 德雷克斯 · 弗格森著；李阳译. — 北京：生活书店出版有限公司，2018.5
ISBN 978-7-80768-206-6

Ⅰ.①阿… Ⅱ.①伊… ②李… Ⅲ.①阿德勒(Adler, Alfred 1870–1937) –心理学–通俗读物 Ⅳ.①B84-49

中国版本图书馆CIP数据核字(2017)第232141号

策 划 人　李　娟
责任编辑　冯语嫣
特约审读　花莹莹
审 读 人　Alice Leung (梁碧华)
封面设计　罗　洪
责任印制　常宁强
出版发行　生活書店出版有限公司
　　　　　(北京市东城区美术馆东街22号)
图　　字　01-2016-2824
邮　　编　100010
经　　销　新华书店
印　　刷　北京市松源印刷有限公司
版　　次　2018年5月北京第1版
　　　　　2018年5月北京第1次印刷
开　　本　787毫米×1092毫米　1/32　印张5.375
字　　数　78千字
印　　数　00,001–10,000册
定　　价　38.00元
(印装查询：010–64052612；邮购查询：010–84010542)

《阿德勒理论导读》

# 德雷克斯·挑战系列

## 《孩子：挑战》

[美]鲁道夫·德雷克斯 著　甄颖 译

如何在尊重孩子、给孩子平等自由的同时，让孩子尊重规则、承担责任、赢得合作，这是现代教育的基础课题，也是现代父母要面对的永恒挑战。

## 《教师：挑战》

[美]鲁道夫·德雷克斯 著　甄颖 译

没有一个孩子是完美无缺的，教师必须掌握新的教育技巧，采取合适的方法解决课堂上的新挑战和新问题，从而向所有孩子敞开光明之路，真正实现教学相长。

《阿德勒理论导读》

# 德雷克斯·挑战系列

## 《婚姻：挑战》

[美]鲁道夫·德雷克斯 著　甄颖 译

我们的婚姻问题,考验着我们与另一个人亲密生活的能力。我们不知道如何以相互尊重的精神来解决冲突和矛盾，而在民主氛围中家庭生活的先决条件正是相互尊重。

## 《父母：挑战》

[美]鲁道夫·德雷克斯 著　花莹莹 译

孩子必然不会成为天使，但我们始终可以成为更好的父母。我们已经尝试给予孩子自由和自我表现的权利，在自由精神中训练孩子，在家庭内部建立民主，并使家人分担责任，以民主的父母之爱给予孩子健康发展的力量和动力。